AF453285

ENCYCLOPÉDIE

portative,

OU

RÉSUMÉ UNIVERSEL

des sciences, des lettres et des arts,

EN UNE COLLECTION

DE

TRAITÉS SÉPARÉS;

PAR UNE SOCIÉTÉ DE SAVANS

ET DE GENS DE LETTRES,

Sous les auspices de MM. AUDOUIN, DE BARANTE, DE BLAINVILLE, BORY DE SAINT-VINCENT, CHAMPOLLION, CORDIER, CUVIER, DEPPING, C. DUPIN, EDWARDS, EYRIÈS, DE FÉRUSSAC, DE GÉRANDO, HACHETTE, JOMARD, DE JUSSIEU, LAYA, LETRONNE, QUATREMÈRE DE QUINCY, THÉNARD et autres savans illustres;

ET SOUS LA DIRECTION

DE M. C. BAILLY DE MERLIEUX,

Avocat à la Cour royale de Paris, membre de plusieurs sociétés savantes, auteur de divers ouvrages sur les sciences, etc., etc.

IMPRIMERIE

DE

RUE D'ERFURTH, N° 1, PRÈS DE L'ABBAYE.

ICONOGRAPHIE

DES

ANNÉLIDES, CRUSTACÉS,

ARACHNIDES et MYRIAPODES,

OU

COLLECTION DE FIGURES

Représentant ceux de ces animaux qui peuvent servir
de types pour chaque famille, avec des détails anatomiques.

GRAVÉES SUR CUIVRE ;

ACCOMPAGNÉE D'UNE EXPLICATION DES PLANCHES,

ET FAISANT LE COMPLÉMENT

DU RÉSUMÉ D'ENTOMOLOGIE

Par MM. V. AUDOUIN et H. MILNE EDWARDS.

Paris,

AU BUREAU DE L'ENCYCLOPÉDIE PORTATIVE,

Rue du Jardinet-Saint-André-des-Arts, n° 8 ;

Et chez BACHELIER, libraire, quai des Augustins, n° 55.

1829

ICONOGRAPHIE

DES ANNÉLIDES,

DES CRUSTACÉS ET DES ARACHNIDES.

EXPLICATION

DES PLANCHES.

ANNÉLIDES.

Anatomie.

PLANCHE Ire.

Fig. 1. Une Sangsue (le *Nephelis gigas*) ou-
verte longitudinalement pour montrer le
canal digestif B, et le *système nerveux* A.
(D. extrémité céphalique du corps, E
extrémité anale.)

Fig. 2. Anatomie d'une autre espèce de

angsue (l'*Albione muricata* Sav.). Ici le *canal digestif* B , au lieu d'être cylindrique comme dans l'espèce précédente, présente de chaque côté des prolongemens en forme de cul-de-sac.

Histoire naturelle.

ORDRE DES A. ERRANTES.

FAMILLE DES APHRODISIENS.

PLANCHE II.

Fig. 1. POLYNOÉ épineuse (*Polynoe muricata* Sav.), de grandeur naturelle, vue en-dessus. Les espèces d'écailles dont le dos est recouvert sont les *élytres*, dont le nombre est de treize paires, tandis que dans la Polynoé écailleuse, très-commune sur nos côtes, on n'en trouve que douze paires : le nombre de ces appendices est de quatorze paires chez la Polynoé lisse (Aud. et Edw.), de quinze chez la P. cirrheuse, de dix-huit chez la P. scolopendrine, etc. On voit aussi à l'extrémité antérieure du corps les antennes et les barbes tentaculaires.

Fig. 2. L'un des pieds pourvus d'un élytre et ne portant pas de cirrhe dorsal. *d* Cirrhe de la rame ventrale. *e* Soies.

Fig. 3. L'un des pieds du même animal pourvu d'un cirrhe dorsal (*c*) et dépourvu d'élytre ; ces pieds alternant avec les précédens.

Fig. 4. POLYNOÉ vésiculeuse (*P. impatiens* Sav.). Cette espèce, de même que la précédente, habite la mer Rouge. D La tête; E l'anus ; *e* les élytres. La plupart de ces appendices sont tombés, car au lieu de trois on devrait en voir douze de chaque côté comme chez la P. écailleuse. *c* Cirrhes dorsaux.

Fig. 5. Trompe du même animal, grossie pour montrer les mâchoires *p*, et les tentacules qui entourent son orifice (*r*).

Fig. 6. L'un des pieds dépourvu d'élytre et portant un cirrhe dorsal *c*, près de la base duquel on voit un tubercule qu'on regarde comme étant une branchie. *a* Rame supérieure; *b* rame inférieure; *c* soies de la rame inférieure; *d* son cirrhe.

FAMILLE DES AMPHINOMIENS.

PLANCHE III.

Fig. 1. EUPHROSINE laurifère (*Euphrosina laurifera* Sav.) vue en-dessus. D La tête sur laquelle se voit la caroncule.

Fig. 2. Extrémité antérieure du corps grossie et vue en-dessous pour montrer la bouche A.

Fig. 3. L'un des pieds de la même Annélide grossi. *b* Les branchies; *c* les soies des deux rames dont le pied se compose; *d* cirrhe de la rame ventrale ; *cc* les deux cirrhes de la rame supérieure ou dorsale.

FAMILLE DES EUNICIENS.

PLANCHE IV.

Fig. 1. EUNICE antennée (*Leodice antennata* Sav.), de grandeur naturelle et vue en-dessus. *g* Les filets stylaires qui terminent l'extrémité anale du corps.

Fig. 2. Extrémité antérieure du corps de la même, beaucoup grossie pour montrer les cinq antennes et les deux cirrhes tentaculaires fixés sur la nuque.

Fig. 3. L'un des pieds grossi. *b* La bran-

chie; *c* le cirrhe supérieur ; *d* le cirrhe infé-
rieur. Entre ces deux appendices, on voit
le tubercule sétifère.

Fig. 4. Mâchoires du même animal, gros-
sies. Ces organes sont au nombre de sept ;
savoir : trois à droite et quatre à gauche.

Fig. 5. L'espèce de lèvre inférieure formée
par la réunion de deux paires cornées si-
tuées au-dessous de la trompe.

Fig. 6. Portion antérieure du corps de l'A-
GLAURE éclatante (*Aglaure fulgida* Sav.),
grossi.

Fig. 7. Extrémité céphalique grossie et vue en-
dessus pour montrer comment le premier
anneau du corps A s'avance au-dessus de
la tête et la recouvre presque complète-
ment.

Fig. 8. Même partie vue de profil. A. Premier anneau du corps; D la tête ; K les antennes.

Fig. 9. Les mâchoires de la même espèce
d'Annélide. Elles sont au nombre de neuf
et diffèrent beaucoup par leur forme et
par leur mode d'articulation de celles des
Eunices.

Fig. 10. Espèce de lèvre inférieure cornée.

FAMILLE DES NÉRÉIDIENS.

PLANCHE V.

Fig. 1. NÉRÉIDE messagère (*Lycoris nuntia* Sav.) de grandeur naturelle. On n'en voit que la moitié antérieure.

Fig. 2. Extrémité céphalique grossie pour montrer la tête qui porte les yeux (*n*). Les antennes internes (*l*), et les antennes externes (*k*. On voit au-dessous la trompe (*o*), qui est armée de deux mâchoires (*p*), et de chaque côté les cirrhes tentaculaires (*f*), au nombre de quatre paires.

Fig. 3. La même partie vue de profil, mais avec la trompe rentrée.

Fig. 4. L'un des pieds vu a la loupe. *a* Rame supérieure; *b* rame inférieure; *c* cirrhe de la rame supérieure; *d* cirrhe de l'inférieure; *hhh* les trois languettes branchiales.

Fig. 5. SYLLIS monilaire (*S. monilaris* Sav.) de grandeur naturelle.

Fig. 6. Extrémité antérieure de la même Annélide grossie et vue en-dessous. *m* Antenne médiane; *l* antennes mitoyennes; *h* antennes externes; *f* cirrhes tentaculaires, et *e* cirrhe dorsal des pieds.

Fig. 7. L'un des pieds grossi ; *c* cirrhe supérieur ; *a* la rame unique ; *d* le cirrhe ven-
tral.

Fig. 8. Extrémité postérieure du corps. *c*
Les cirrhes dorsaux ; *g* les filets stylaires
de l'anneau anal.

ORDRE DES A. TUBICOLES.

FAMILLE DES AMPHITRITES.

PLANCHE VI.

Fig. 1. TÉRÉBELLE Méduse, vu en-dessous
et réduit.

Fig. 2. Extrémité céphalique du même vue
en-dessus pour montrer l'insertion des
branchies.

Fig. 3. L'un des pieds de la portion thora-
cique du corps grossis; *a* rame dorsale,
b rame ventrale.

Fig. 5. Faisceaux de soies à crochets.

Fig. 6. L'une des soies à crochets vue de
profil.

Fig. 7. PECTINAIRE ou AMPHICTÈNE égyp-
tienne vue en-dessous.

FAMILLE DES MALDANIES.

PLANCHE VII.

Fig. 1. Clymène amphistome Sav., de grandeur naturelle. D Extrémité céphalique ; E extrémité anale ; H portion du tube que l'animal construit avec des fragmens de coquilles et dans lequel il loge.

Fig. 2. Extrémité antérieure du même animal grossi.

ORDRE DES A. TERRICOLES.

FAMILLE DES LOMBRICS.

Fig. 3. Lombric terrestre.

Fig. 4. Extrémité céphalique grossie et vue de profil pour montrer la bouche (A).

ORDRE DES A. SUCEUSES.

FAMILLE DES HIRUDINÉES.

PLANCHE VIII.

Fig. 1. Boelle du Nil. A Ventouse orale ; B ventouse anale ; C ouvertures des organes de la génération dans lesquelles on a introduit des soies.

Fig. 2. Ventouse orale du même, grossie pour
montrer la bouche et les trois mâchoires
(*p.p.p.*).
Fig. 3. L'une de ces mâchoires grossie.
Fig. 4. SANGSUE médicinale.
Fig. 5. GÉOBDELLE de Dutrochet (grossie).

CRUSTACÉS.

Anatomie.

Circulation.

PLANCHE IX.

MAJA *squinado* ouvert par sa face dorsale ;
du côté droit la membrane tégumentaire
est enlevée.

On voit : *a* les antennes externes ; *b* les yeux ;
A le thorax. B l'abdomen ; *m* les appendices de l'abdomen (de la femelle) ; *c* l'estomac ; *d* l'ovaire ; *e* le foie ; *f* les branchies ;
g le cœur ; *h* l'artère ophthalmique ; *j* l'artère antennaire ; *k* artère sternale ; *o* artère
abdominale ; *l* portion de l'intestin.

PLANCHE X.

Fig. 1. Thorax du même vu de profil pour
montrer le système veineux et les bran-

chies; *a* voûte des flancs; *b, b* origine des
pattes; *c* cellules des flancs dont la voûte
est enlevée; *d* branchies; *f* sinus veineux;
e vaisseaux afférens des branchies.

Fig. 2. Le même vu en-dessus pour montrer
les vaisseaux efférens. Les branchies (*a*)
sont renversées en dehors, au lieu d'être
couchées sur la voûte des flancs, et cette
partie est enlevée. *b* Vaisseaux efférens;
c canaux branchio-cardiaques; *h* cœur;
e orifices des artères ophthalmique et antennaire; *f* orifice des artères hépatiques;
g orifice de l'artère sternale *d*.

Système nerveux.

PLANCHE XI.

Maia *squinado* vu en-dessus, tous les viscè-
res étant enlevés.

a Ganglions préœsophagiens, ou cerveau;
b, c nerfs des yeux; *d* œil; *f* nerfs des antennes internes; *g* nerfs des antennes externes; *h* cordons inter-ganglionnaires formant un collier nerveux autour de l'œso-
phage; *i* origine des nerfs gastriques;
c estomac; *m* centre nerveux formé par

la réunion des ganglions thoraciques; *k*
nerf tégumentaire; *l* nerfs des pattes de
la première paire; *n* nerf abdominal.

Organisation de la bouche.

PLANCHE XII.

Fig. 1. MAJA *squinado* vu en-dessous. A
Thorax : *a* rostre; *b* antennes externes;
c antennes internes; *d* yeux; *e* organe
de l'ouïe; *f* pattes-mâchoires externes fer-
mant la bouche et recouvrant les autres
organes de la mastication. C origine des
pattes. B abdomen dans sa position naturelle.

Fig. 2. Patte-mâchoire de la troisième paire.
a Premier article; *b* second article; *c*
troisième article; *d*, *e*, *f* quatrième, cin-
quième et sixième articles; *g* appendice
externe de la patte-mâchoire.

Fig. 3. Patte-mâchoire de la seconde paire.

Fig. 4. Patte-mâchoire de la première paire.

Fig. 5. Mâchoire de la seconde paire; *a* lame
externe servant au mécanisme de la res-
piration.

Fig. 6. Mâchoire de la première paire.

Fig. 7. Mandibule; *a* son palpe.

Histoire naturelle.

ORDRE DES C. DÉCAPODES.

SECTION DES BRACHYURES. — FAMILLE DES QUADRILATÈRES.

PLANCHE XIII.

Gécarcin commun ou *Tourlouroux.*

PLANCHE XIV.

Fig. 1. Ocypode cératophthalme.
Fig. 2. Gélasime de Marion.

PLANCHE XV.

Fig. 2. Grapse peint.
Fig. 3. Plagusie clavimane.

FAMILLE DES ORBICULAIRES.

Fig. 1. Pinnothère.

PLANCHE XVI.

Fig. 1. Matute vainqueur.
Fig. 2. Leucosie noyau (*Ilia nucleus,* Leach.).

PLANCHE XVII.

Fig. 1. Hépate fascié.

FAMILLE DES CRYPTOPODES.

Fig. 2. Calappe tuberculé.

FAMILLE DES ARQUÉS.

PLANCHE XVIII.

Carcin ménade.

PLANCHE XIX.

Fig. 1. Portune étrille.
Fig. 2. Pilumne hérissée.

PLANCHE XX.

Fig. 1. Crabe tourteau.

FAMILLE DES TRIANGULAIRES.

Fig. 2. Inachus dorhynque.

FAMILLE DES NOTOPODES.

PLANCHE XXI.

Fig. 1. Ranine dorsipède.

SECTION DES MACROURES.

FAMILLE DES HIPPIENS.

Fig. 2. Remipède tortue (*a* appendices de
l'avant-dernier segment de l'abdomen;
b segment terminal de l'abdomen).

FAMILLE DES PAGURIENS.

PLANCHE XXII.

Fig. 1. Pagure de Prideaux. Leach.
Fig. 2. Le même dans sa coquille.
Fig. 3. Porcellane large pince.

Fig. 2. La même de grandeur naturelle.
Fig. 3. LEUCOTHOÉ *furina*.

PLANCHE XXVIII.

Fig. 1. ATYLE caréné (grandeur naturelle).
Fig. 2. COROPHIE longicorne (grossie).
Fig. 3. Grandeur naturelle de la même.
Fig. 4. CÉRAPODE tubulaire (grossi).
Fig. 5. Le même de grandeur naturelle et représenté dans son tube.
Fig. 6. Extrémité antérieure du même grossie.
Fig. 7. Patte de la seconde paire grossie.

SECTION DES LÆMIPODES.

FAMILLE DES FILIFORMES.

Fig. 8. LEPTOMÈRE pédiaire.

SECTION DES ISOPODES.

FAMILLE DES IDOTÉIDES.

PLANCHE XXIX.

Fig. 1. TANAIS de Costa.
Fig. 2. IDOTÉE tricuspide.
Fig. 3. NÉLOCIRE de Swainson
Fig. 4. SPHÉROME denté.

FAMILLE DES CYMOTHOADES.

PLANCHE XXX.

Fig. 1. CYMOTHOE ostroïde par-dessous.

Fig. 2. Le même vu en dessus.

FAMILLE DES CLOPORTIDES.

Fig. 3. CLOPORTE aselle.

Fig. 4. TYLOS de Latreille.

ORDRE DES C. BRANCHIOPODES.

SECTION DES LOPHYROPES.

FAMILLE DES CYCLOPIENS.

PLANCHE XXXV (1).

Fig. 1. CYCLOPS quadricorne femelle (vu au microscope).

Fig. 2. Abdomen du mâle.

Fig. 3. L'une des antennes supérieures du mâle.

FAMILLE DES CYPRICIENS.

Fig. 4. DAPHNIE guillochée (également vue au microscope).

PLANCHE XXXVI.

Fig. 1 à 9. Développement de l'embryon de la *Daphnie puce.*

Fig. 10 et 11. La même au moment où elle vient de naître.

Fig. 5 (*planche* 35). CYPRIS veuve.

(1) Par une erreur du graveur les planches n'ont pas été numérotées dans leur ordre naturel; on trouvera ci-après l'Explication des Planches 33, 54, 31 et 32.

PLANCHE XXXIII.

Détails anatomiques de la *Cypris brune*.

Fig. 1. Pied gauche de la première paire de pattes. *a* Hanche; *b* le trochanter; *c* la cuisse; *d* la jambe; *e* le tarse; *f* les quatre crochets; *g* les trois soies de la jambe.

Fig. 2. Pied gauche de la seconde paire de pattes.

Fig. 8. Pied gauche de la troisième paire.

Fig. 4. Extrémité de l'abdomen; *aa* les deux stylets; *b* les onglets.

Fig. 5. Le canal intestinal. *aa* OEsophage et estomac; *d* intestin.

Fig. 6. Coupe de l'animal pour montrer les ovaires et les testicules en place; les pattes ont été enlevées; *a, b, d* les ovaires.

PLANCHE XXXIV.

Suite de l'anatomie de la *Cypris brune*.

Fig. 1. L'animal entier dépouillé des valves dont on a tracé le contour *a, a*. *b* Portion et origine de la membrane qui double les valves; à sa gauche est l'œil; *dd* les antennes; *e* pieds de la première paire; *f* pieds de la seconde paire; *h* abdomen pourvu de sa queue ou stylet; *l* palpe de la mandibule qui est en-dessus; *m* mâchoire de la première paire surmontée de la branchie; *n* mâchoire de la deuxième paire; *p*, *q* portion de l'ovaire du côté gauche.

Fig. 2. Les deux lèvres vues de profil; *a* le labre; *f* lèvre inférieure garnie de crochets *g*.

Fig. 3. Mandibule gauche vue en dedans, *aa* Les deux extrémités dont l'une libre est armée de dents et l'autre munie de muscles moteurs *b*; *c* le palpe; *d* la *branchie*.

Fig. 4. Mâchoire de la première paire. *b* Sa lame principale; *d* les cinq appendices; *c* sa branchie.

Fig. 5. Mâchoire de la seconde paire.

SECTION DES PHYLLOPODES.

PLANCHE XXXI.

Fig. 1. Apus prolongé (*Lepidure* Leach).

ORDRE DES C. POECILOPODES.

FAMILLE DES XYPHOSURES.

PLANCHE XXXII.

Fig. 1. Limule polyphème, vu en-dessus et en-dessous.

FAMILLE DES SIPHONOSTOMES.

Fig. 2. Caligé de Muller.

Fig. 3. Anthostome de Smith.

Fig. 2 (*Pl. 31*). Dichelestion de l'Esturgeon.

Fig. 3 (*id*). Pandare bicolore.

Fig. 4 (*a*). Nicothoë du Homard.

ARACHNIDES.

Caractères.

PLANCHE XXXVII.

Fig. 1. Appendices de la bouche (chez l'Atte paré). On voit au milieu la languette et de chaque côté les mâchoires garnies de leur palpe, et recouvrant les mandibules ou *chélicères*.

Fig. 2. Yeux de la *Mygale aviculaire*.

Fig. 3. —— de la *Mygale maçonne*.

Fig. 4. —— de *Lycose vorace*.

Fig. 5. —— de *Dolomède bordé*.

Fig. 6. —— de *Ctène douteux*.

Fig. 7. —— de *Sphase indien*.

Fig. 8. —— de *Atte paré*.

PLANCHE XXXVIII.

Fig. 1. Yeux de *Érèse cinabre*.

Fig. 2. Yeux de *Thomise citron*.

Fig. 3. —— de *Clubione accentuée*.

Fig. 4. —— de *Dysdère érythrène*.

Fig. 5. —— de *Segestrie perfide*.

Fig. 6. —— de *Tégénaire domestique*.

Fig. 7. —— de *Epéire diadème*.

Fig. 8. —— de *Thérédion couronné*.

Fig. 9. —— de *Latrodecte malmignatte*.

Fig. 10. —— de *Argyonecte aquatique*.

Développement des Arachnides.

PLANCHE XLI (1).

Fig. 1. OEuf de l'*Épéire diadème* avant l'incubation (vu au microscope).

Fig. 2. Le même à la première période de l'incubation.

Fig. 3. Le même lorsque le colliquamentum s'est condensé.

Fig. 4. Le même lorsque les rudimens des pattes commencent à se montrer.

Fig. 5 et 6. Le même lorsque le thorax commence à se distinguer de l'abdomen.

Fig. 7 et 8. Jeune *Araignée* prête à éclore.

Fig. 9. Jeune *Araignée* sortant de l'œuf.

____

1. Voy. ci-après l'Explication des planches 35 et 40.

Anatomie des Arachnides.

PLANCHE XLII.

Fig. 1. Mandibule ou chélicère d'une *Épéire diadéme* à laquelle est suspendu l'organe sécréteur de la salive.

Fig. 2. Organes de la génération chez le mâle.

Fig. 3. Organes excitateurs situés à l'extrémité des palpes du mâle chez le même.

Fig. 4. Organe de la génération de la femelle.

Histoire naturelle.

ORDRE DES A. PULMONAIRES.

FAMILLE DES FILEUSES.

PLANCHE XXXIX.

Fig. 1. MYGALE maçonne.

Fig. 2. THOMISE arrondie.

Fig. 3. THOMISE tronquée.

Fig. 4. THOMISE diane.

Fig. 5. PHILODRÔME rhombifère.

Fig. 6. SPHASE transalpin. Walk. (*Oxyope* Latr.).

PLANCHE XL.

Fig. 1. ÉRÈSE rayée.

Fig. 2. ATTE Fourmi.

Fig. 3. LYCOSE narbonnaise (*Tarentule*).

FAMILLE DES PÉDIPALPES.

PLANCHE XLIII.

Fig. 1. PARYNE réniforme.

Fig. 2. SCORPION roussâtre.

ORDRE DES A. TRACHÉENNES.

FAMILLE DES HOLÈTRES.

PLANCHE XLIV.

Fig. 1. FAUCHEUR des murailles.

Fig. 2. THROMBIDIE des teinturiers.

Fig. 3. IXODES camélians.

Fig. 4. ARGAS de Perse.

Fig. 5. ACLYSIE du dytique.

PLANCHE XLV.

Fig. 1. ACARUS de la gale, vu en-dessus.

Fig. 2. Vu de profil.

Fig. 3. Vu en-dessous.

Fig. 4. Jeune, n'ayant encore que 6 pattes.

Fig. 5. Corps ovoïdes présumés être les œufs.

Fig. 6. Pustule de la gale très-grossie

MYRIAPODES.

Anatomie.

PLANCHE XLVI.

Organes de la mastication de la *Scolopendre mordante*.

Fig. 1. Yeux.

Fig. 2. Chaperon vu de face : les antennes
qui s'insèrent au-dessus sont tronquées.

Fig. 3. Langue.

Fig. 4. Mandibule.

Fig. 5. Premières mâchoires unies aux se-
condes.

Fig. 6. Pattes de la première paire formant
la première lèvre auxiliaire.

Fig. 7. Seconde lèvre auxiliaire.

PLANCHE XLVII.

Fig. 1. Appareil digestif de la *Scutigère linéaire*
muni de ses vaisseaux biliaires au nombre
de 4. Derrière la tête on voit les 2 glandes
salivaires, et à gauche un long tube qui est
le vaisseau dorsal. Entre lui et le canal digestif, on aperçoit l'organe femelle ou l'o-

vaire, et plus bas deux petites glandes glo
buleuses qui sont des vésicules sébacées
Fig. 2. Appareil génital mâle du même.

Histoire naturelle.

PLANCHE XLVIII.

FAMILLE DES CHILOGNATHES.

Fig. 1. JULE des sables.
Fig. 2. GLOMÉRIDE bordée.
Fig. 3. POLYDÊME aplati.

FAMILLE DES CHILOPODES.

Fig. 4. SCOLOPENDRE mordante.

FIN DE L'ICONOGRAPHIE DES ANNÉL., CRUST
ARACHN. ET MYRIAPODES.

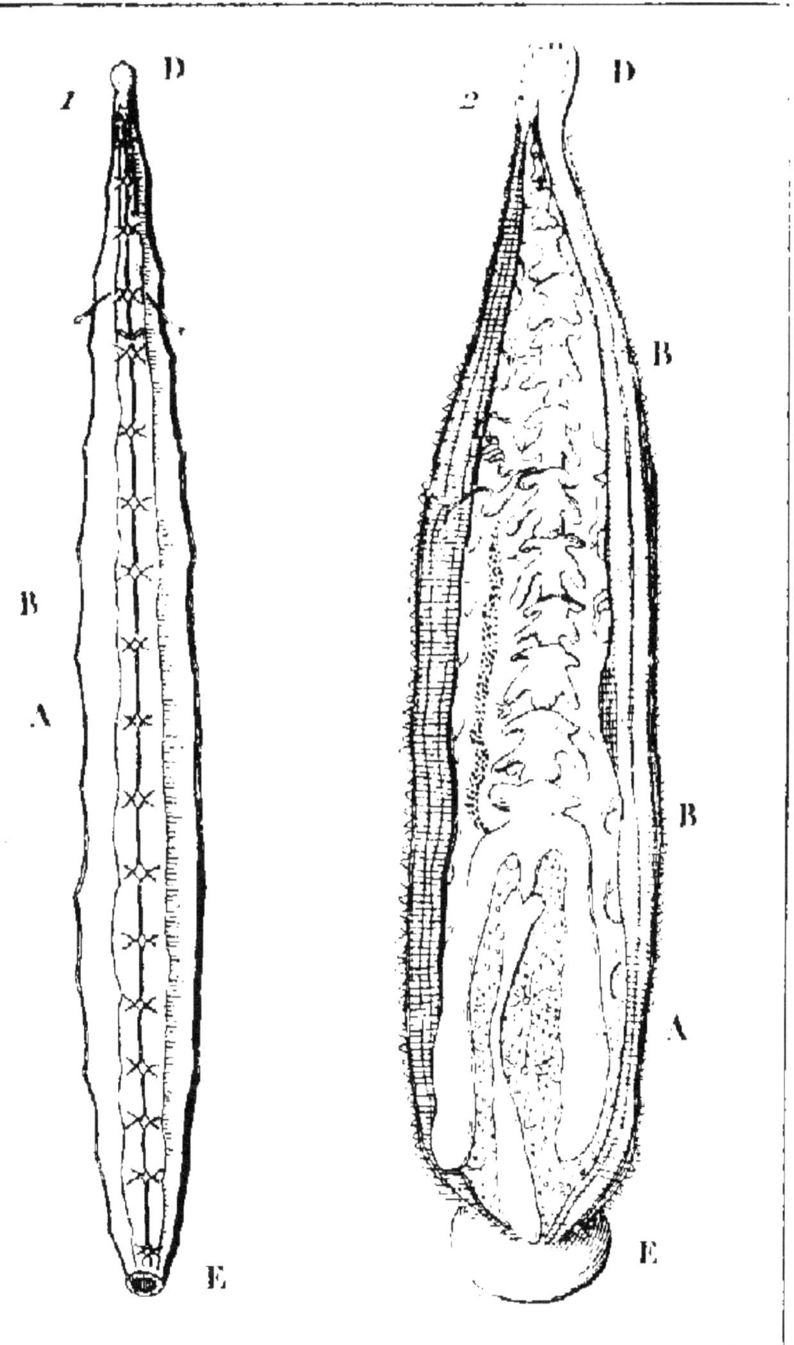

Anatomie

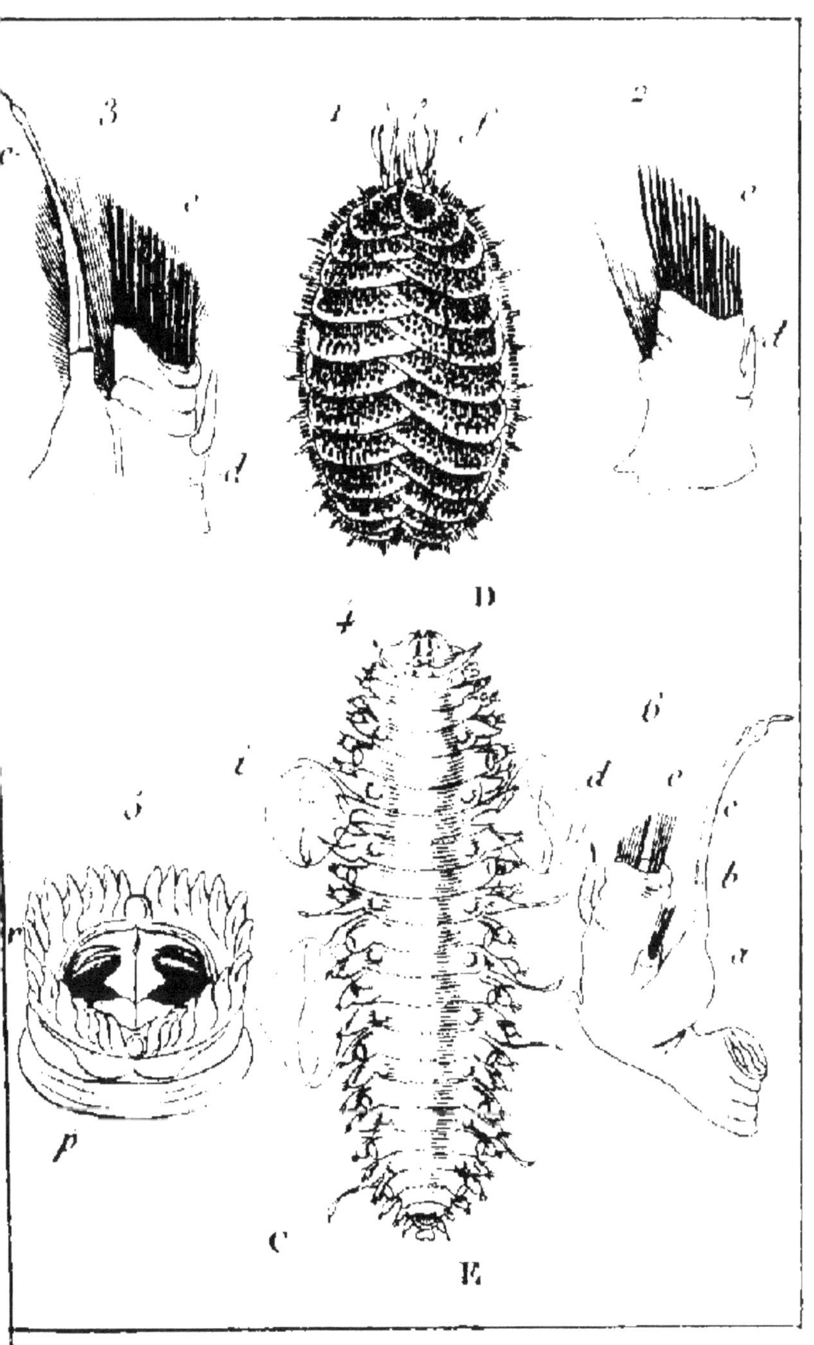

Aphrodisiens

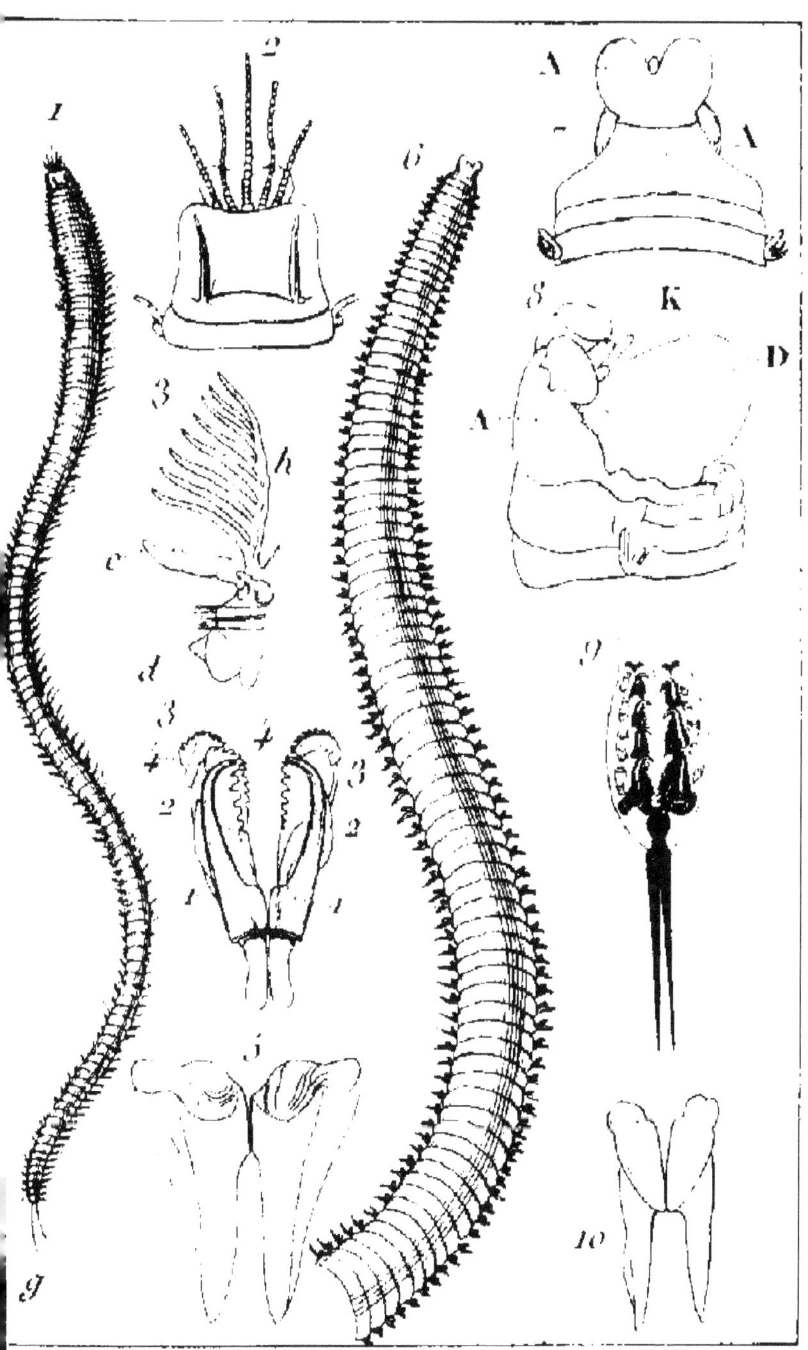

Euniciens.

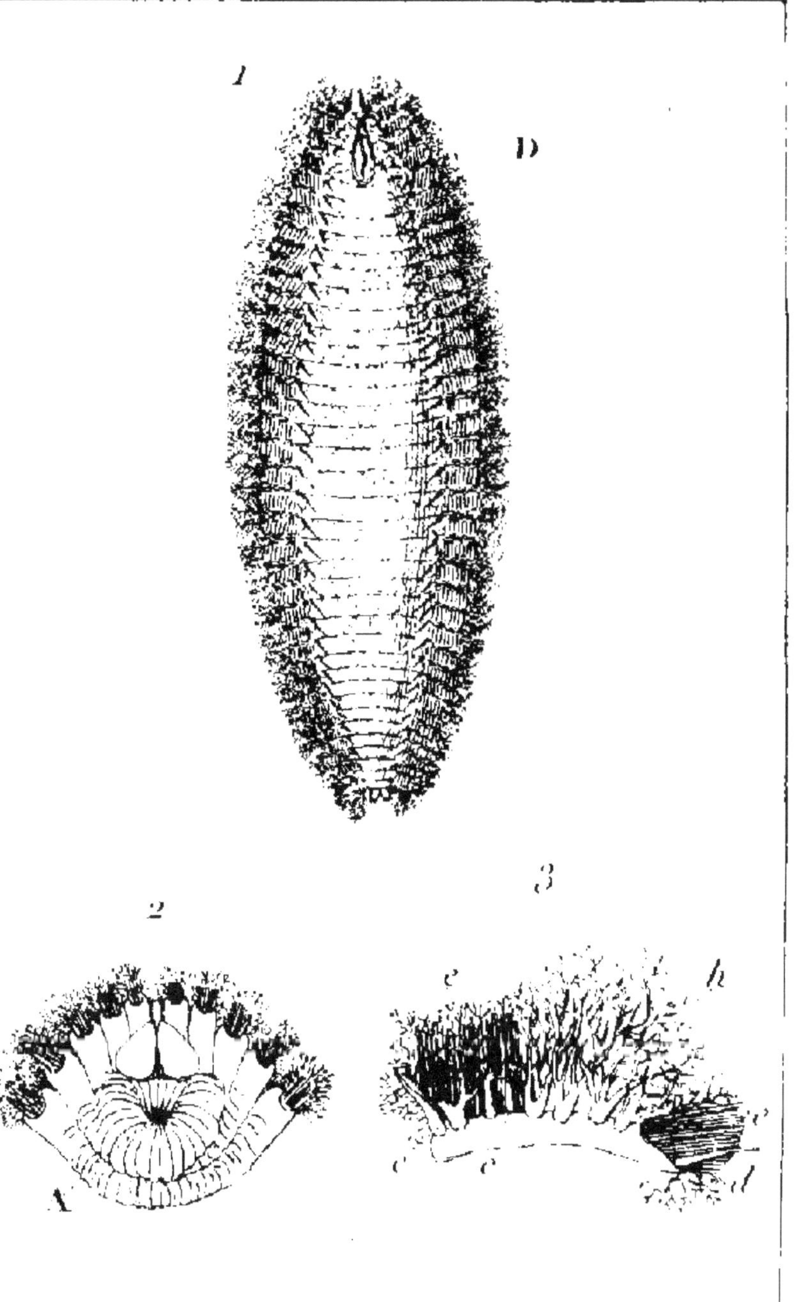

Amphinomiens

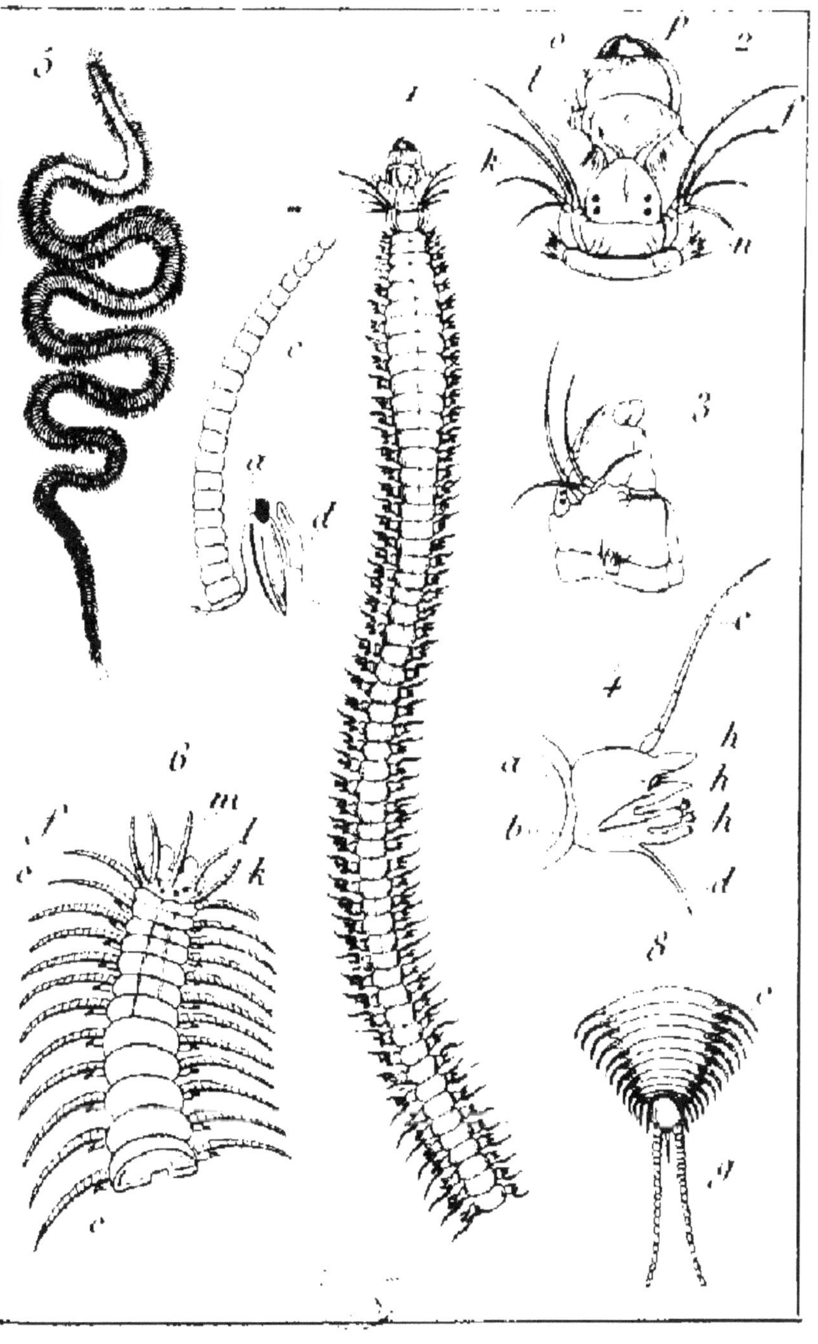

Néréidiens

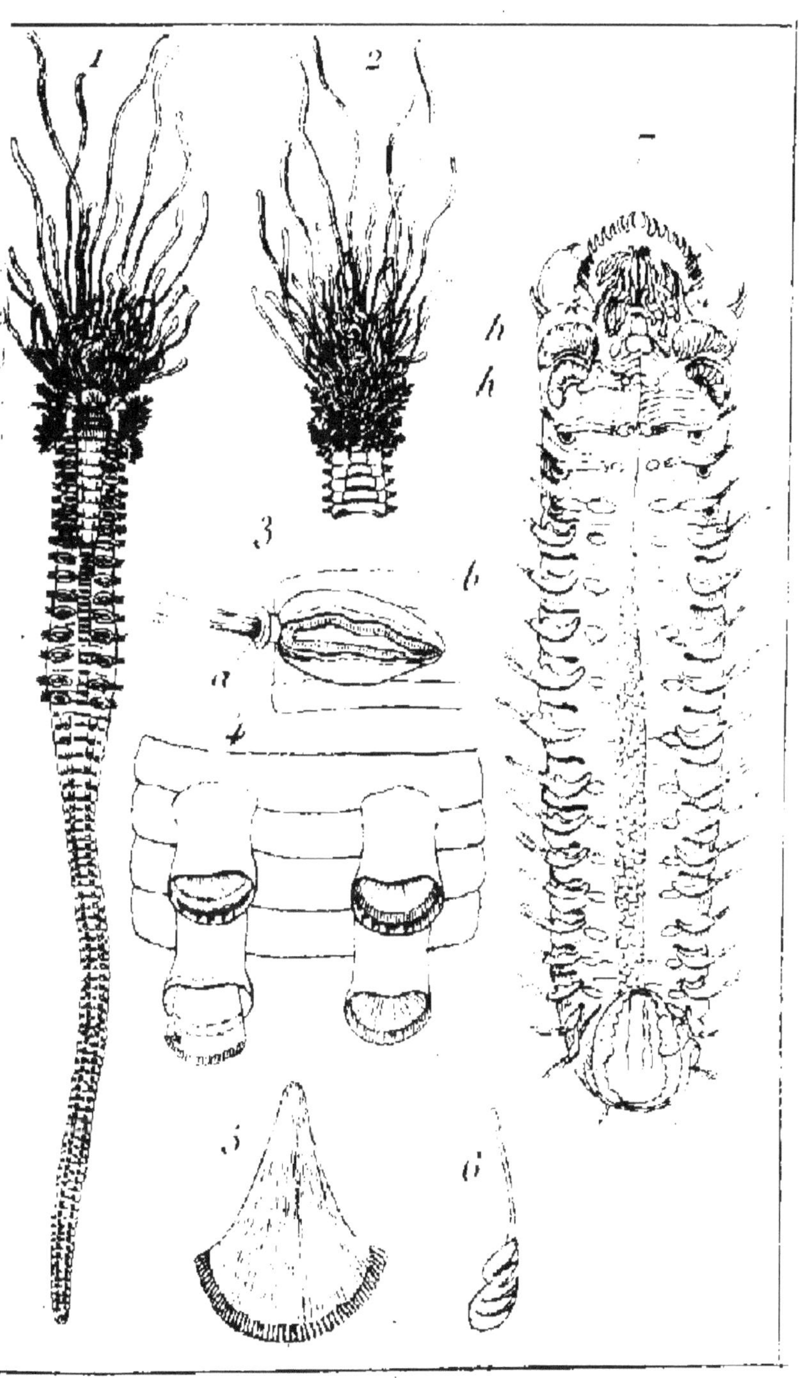

Amphitrites

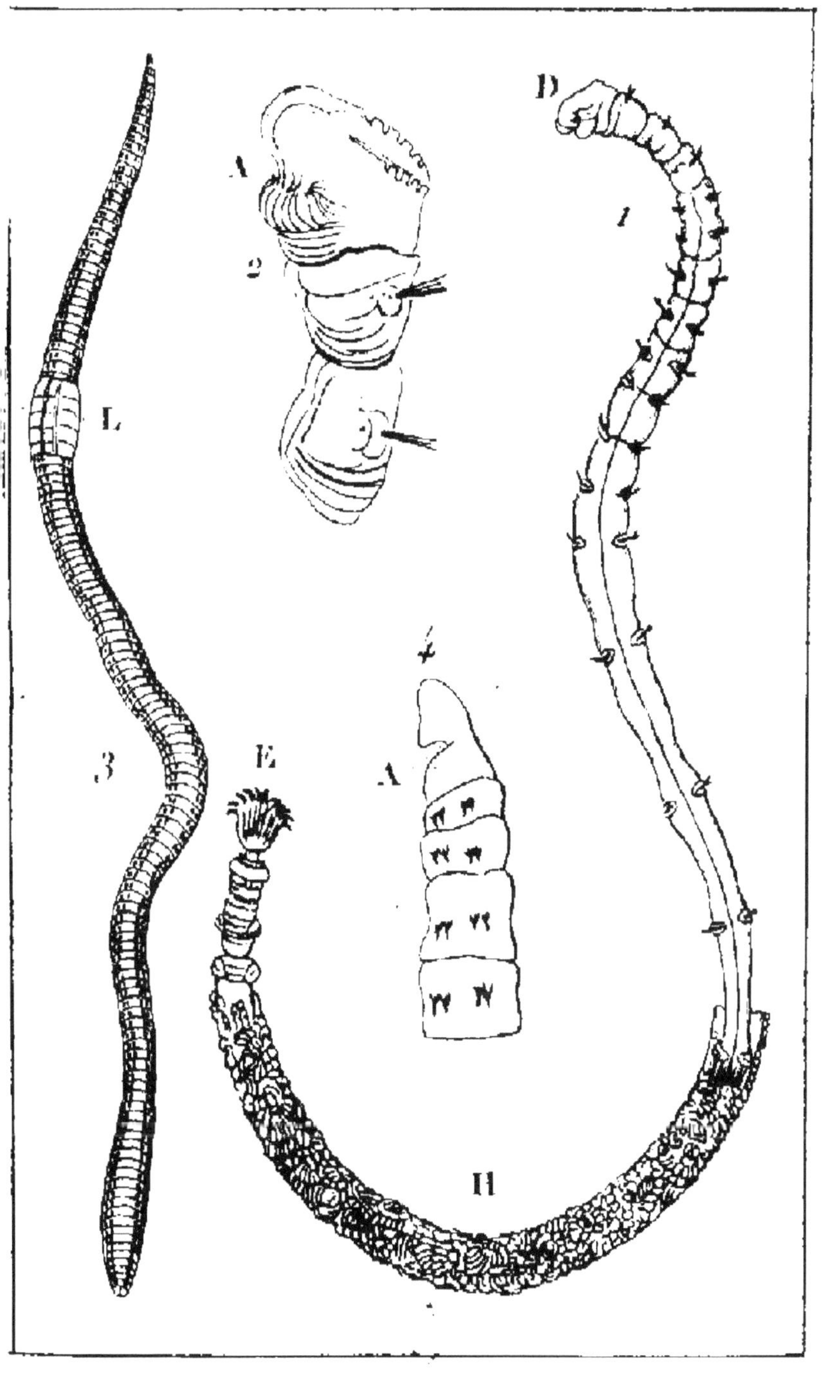

1.2 *Maldaniées*
3.4 *Lombricines*

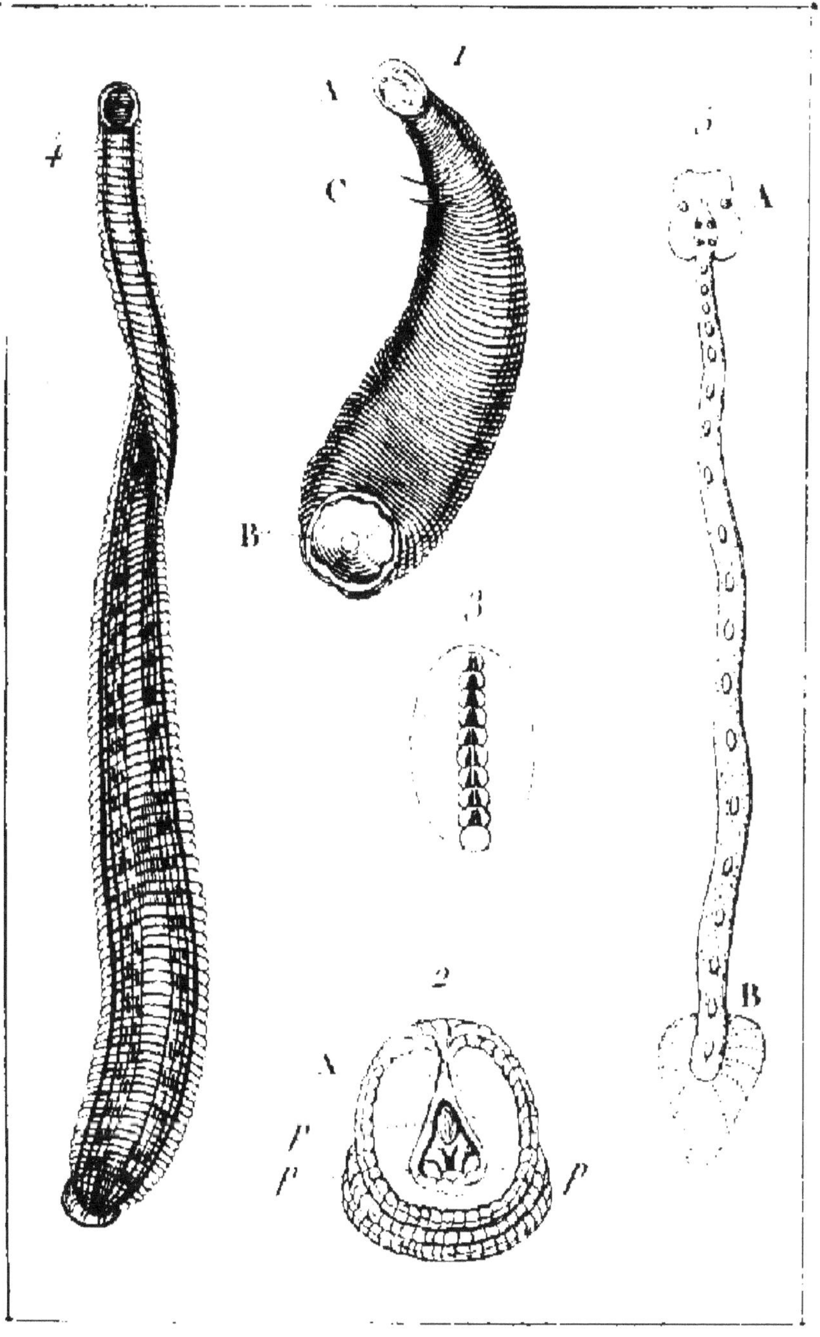

Hirudinées

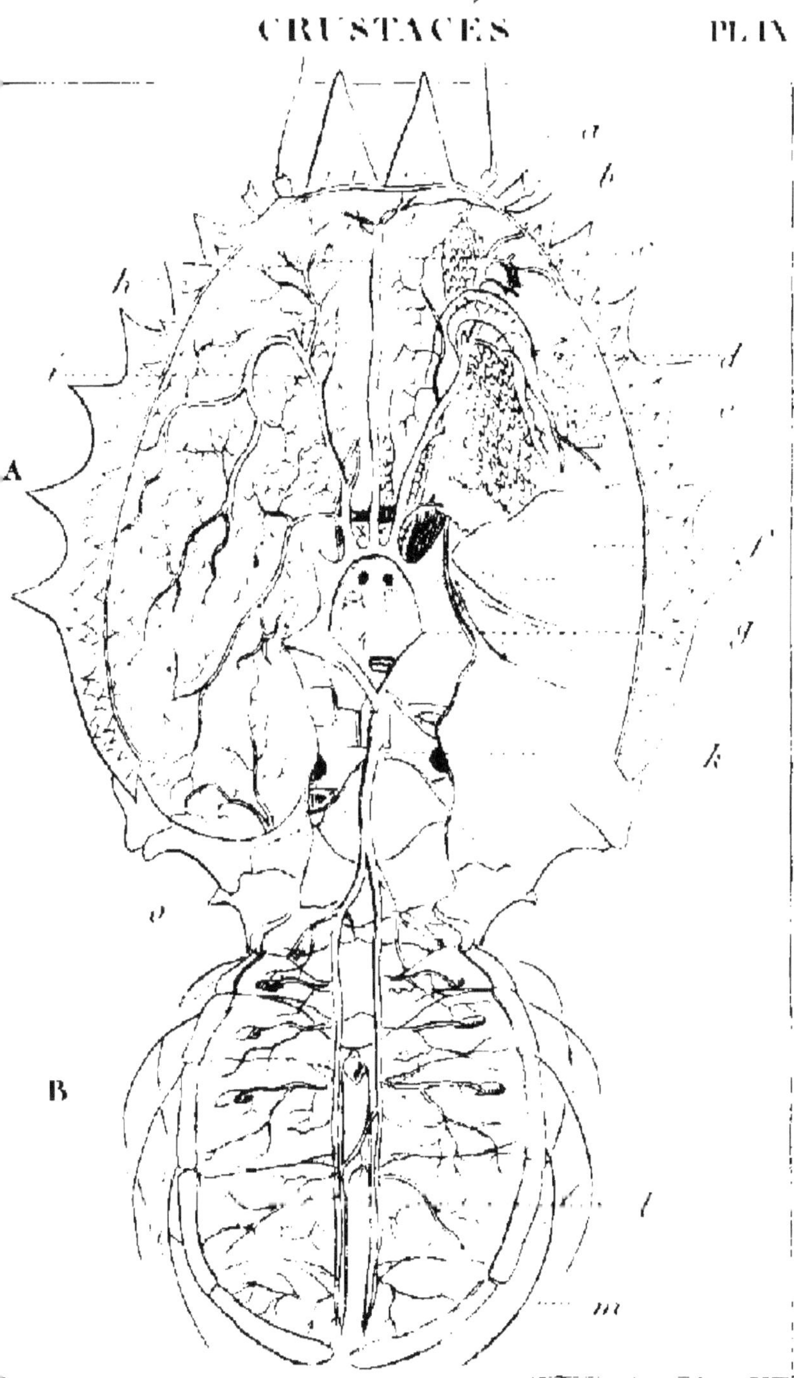

Anatomie

Anatomie

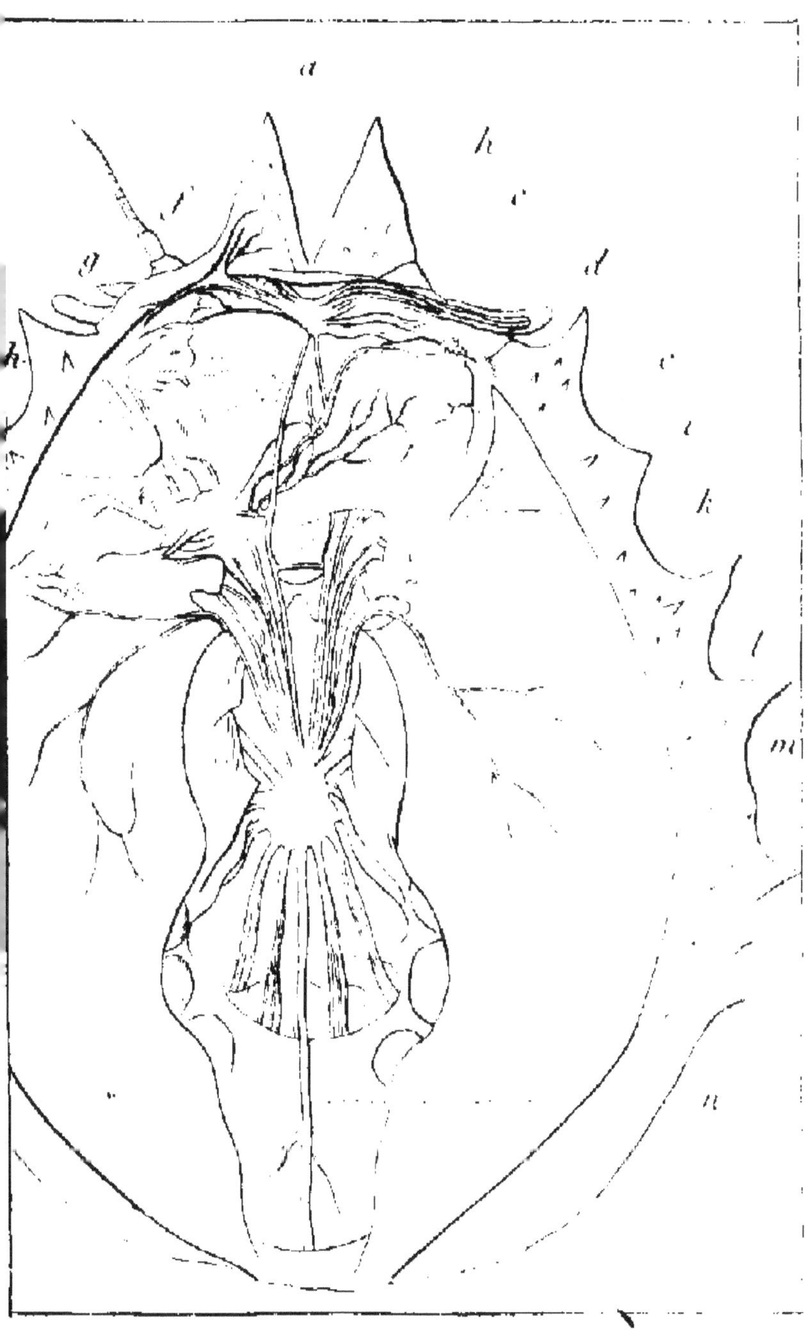

Anatomie

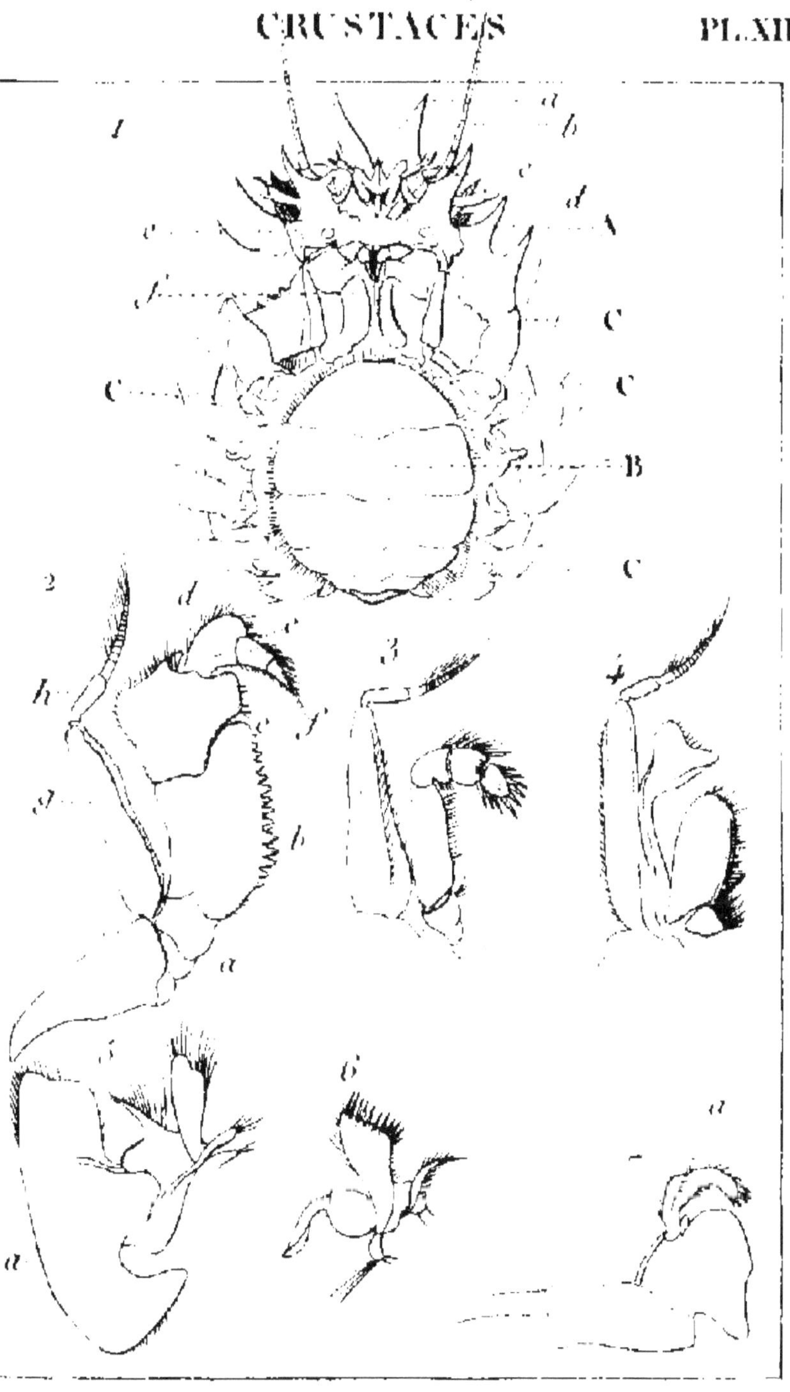

Anatomie

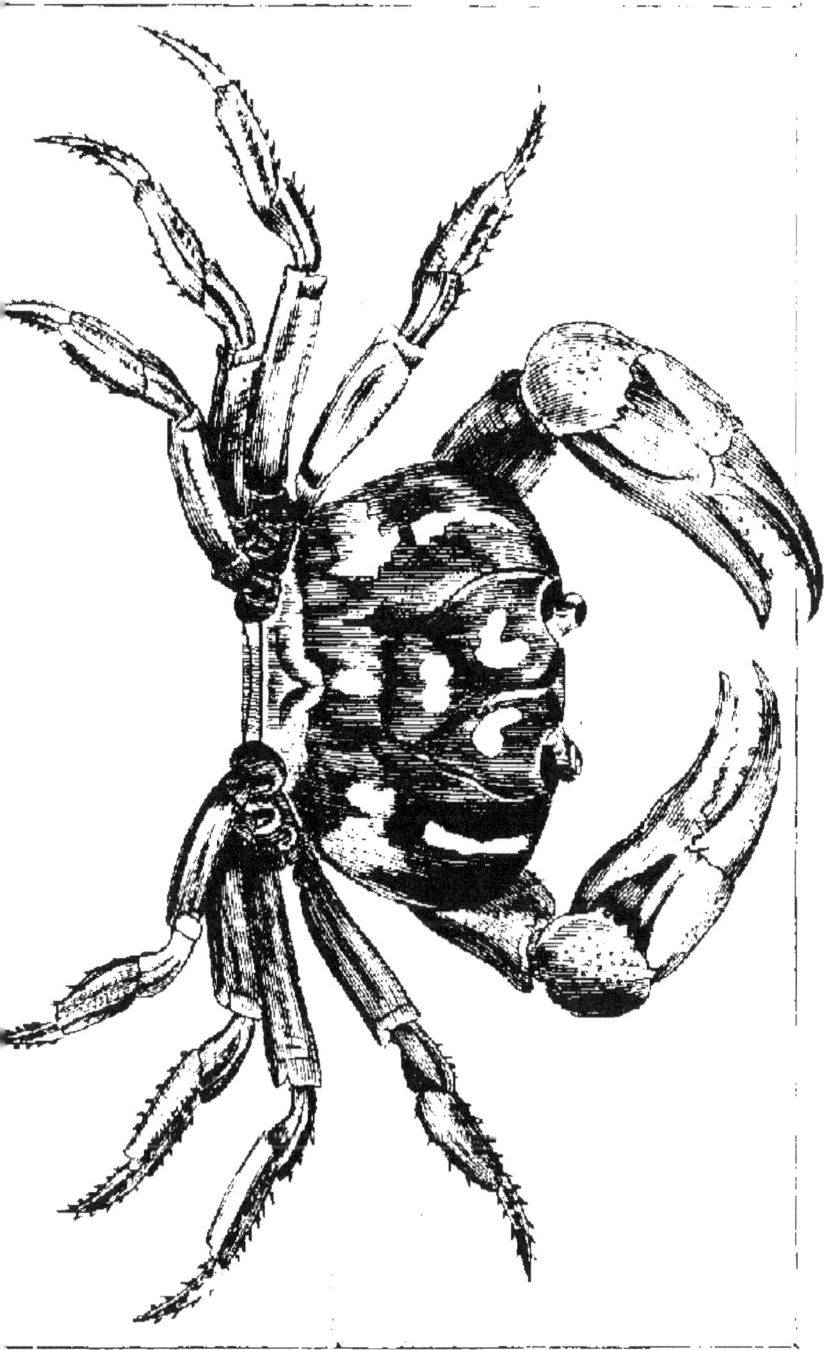

Brachyures

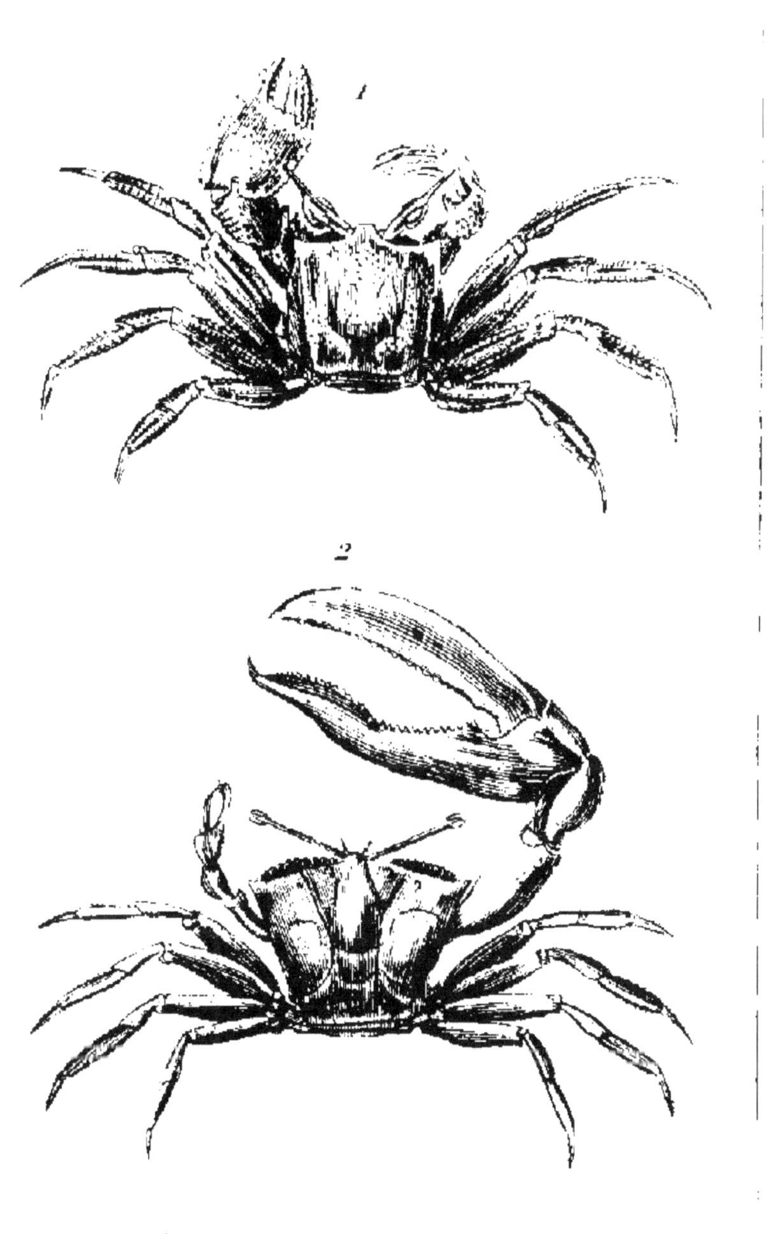

Brachyures

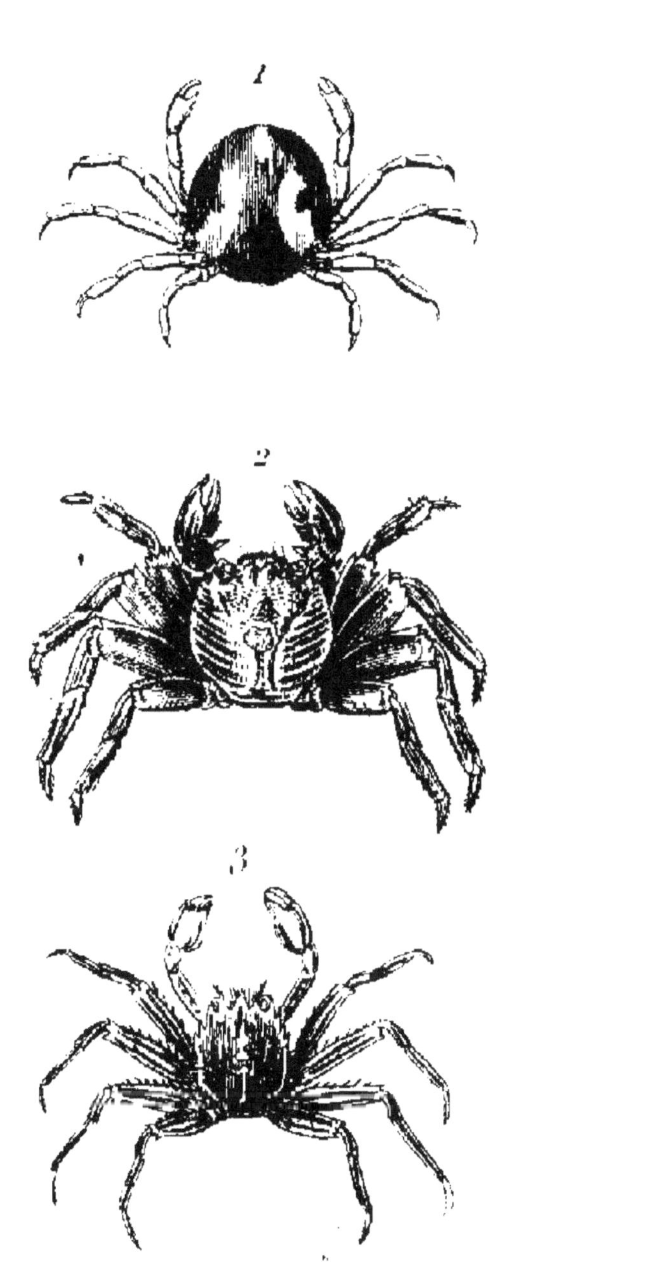

Brachyures

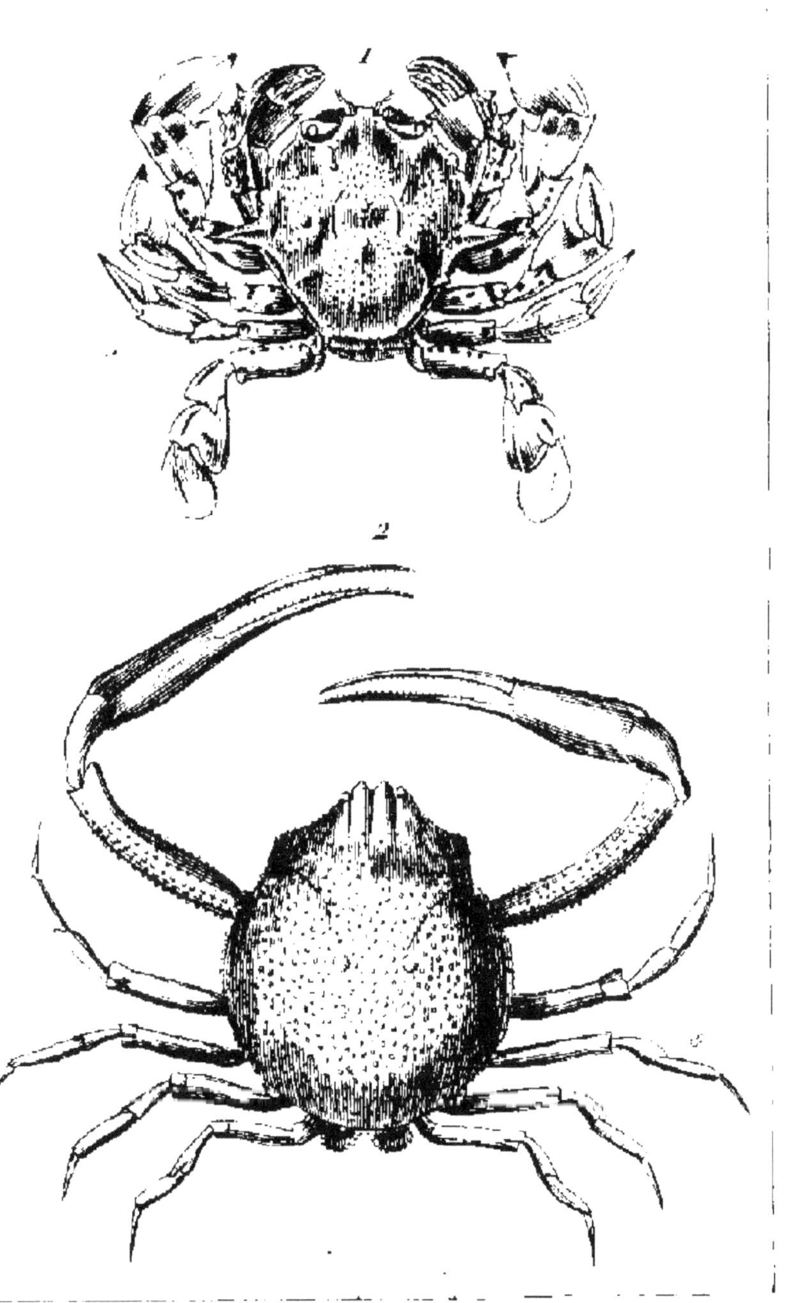

Brachyures

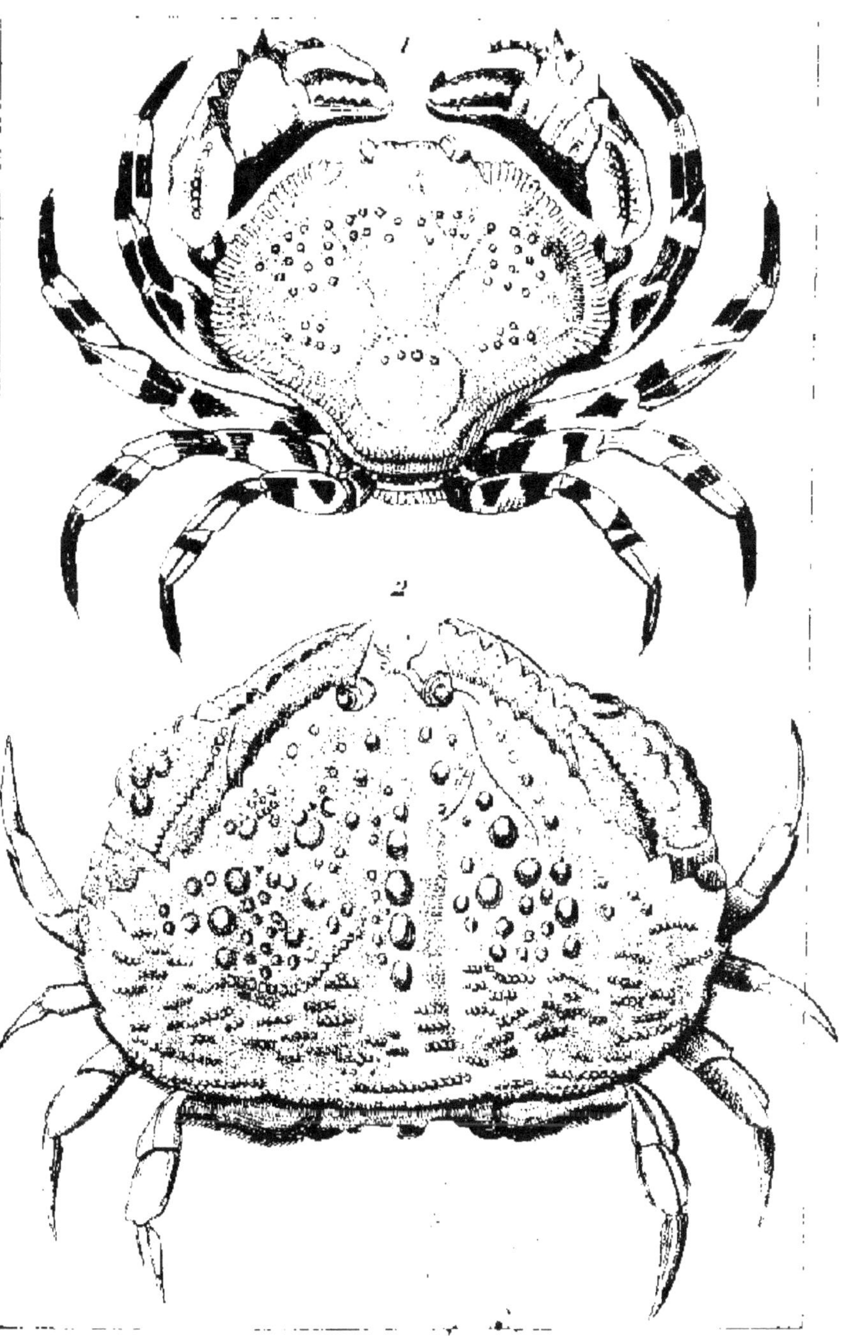

Brachyures

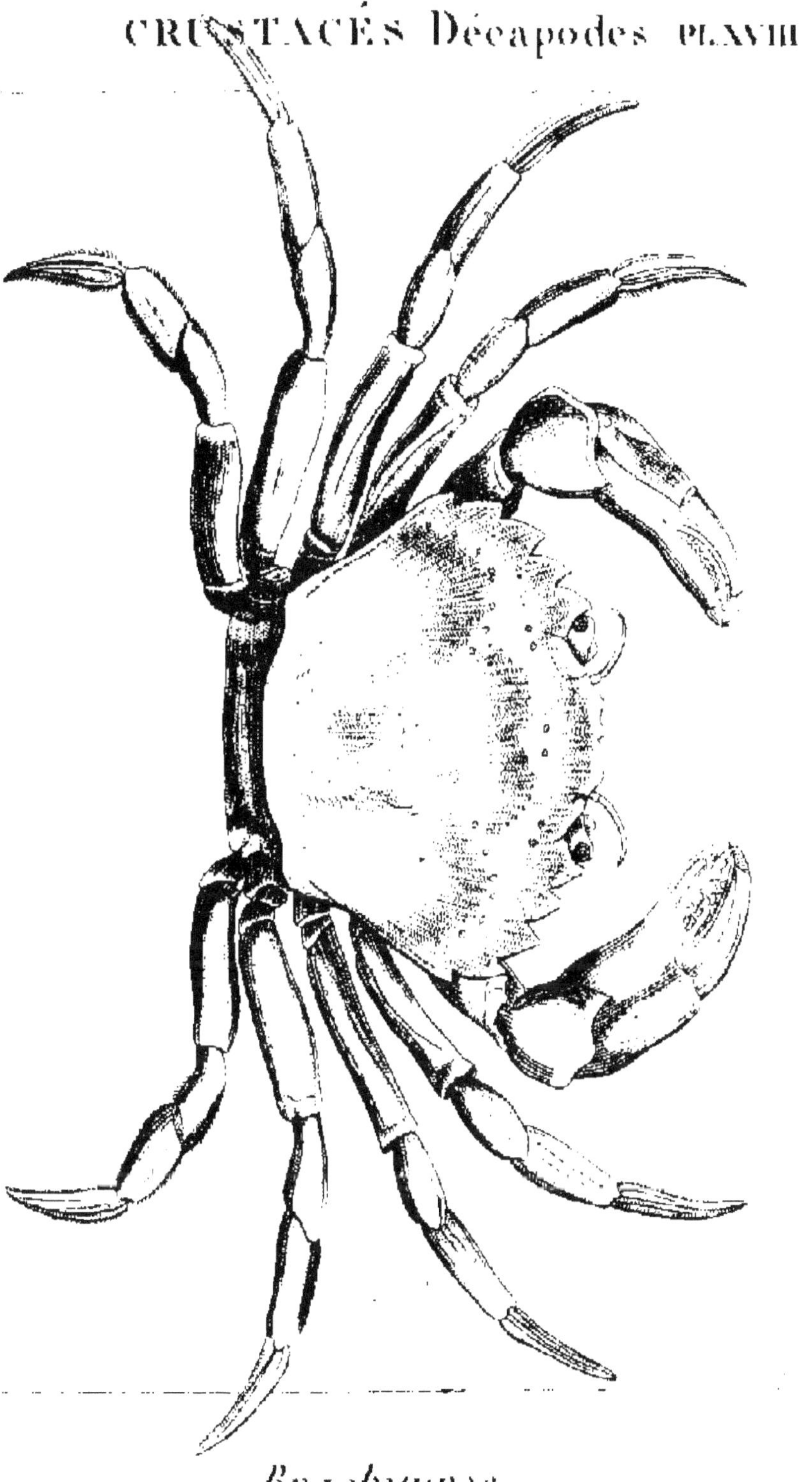

Brachyures

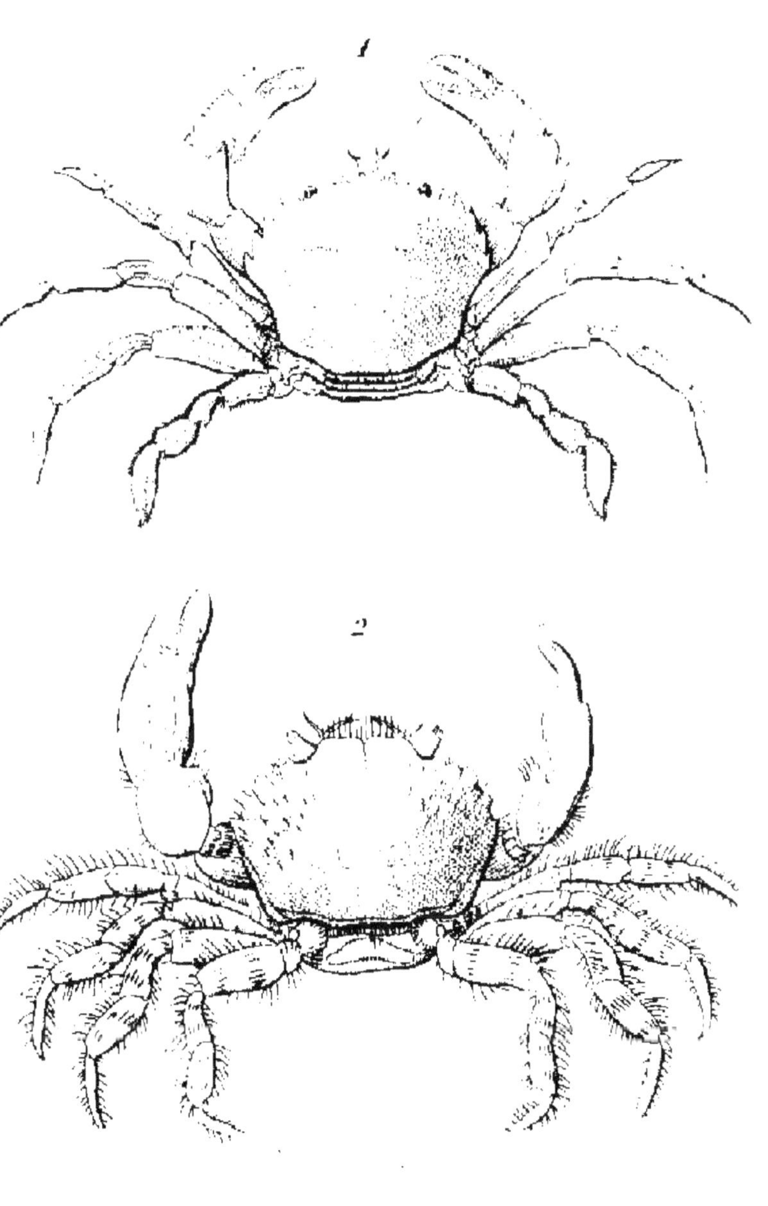

Brachyures

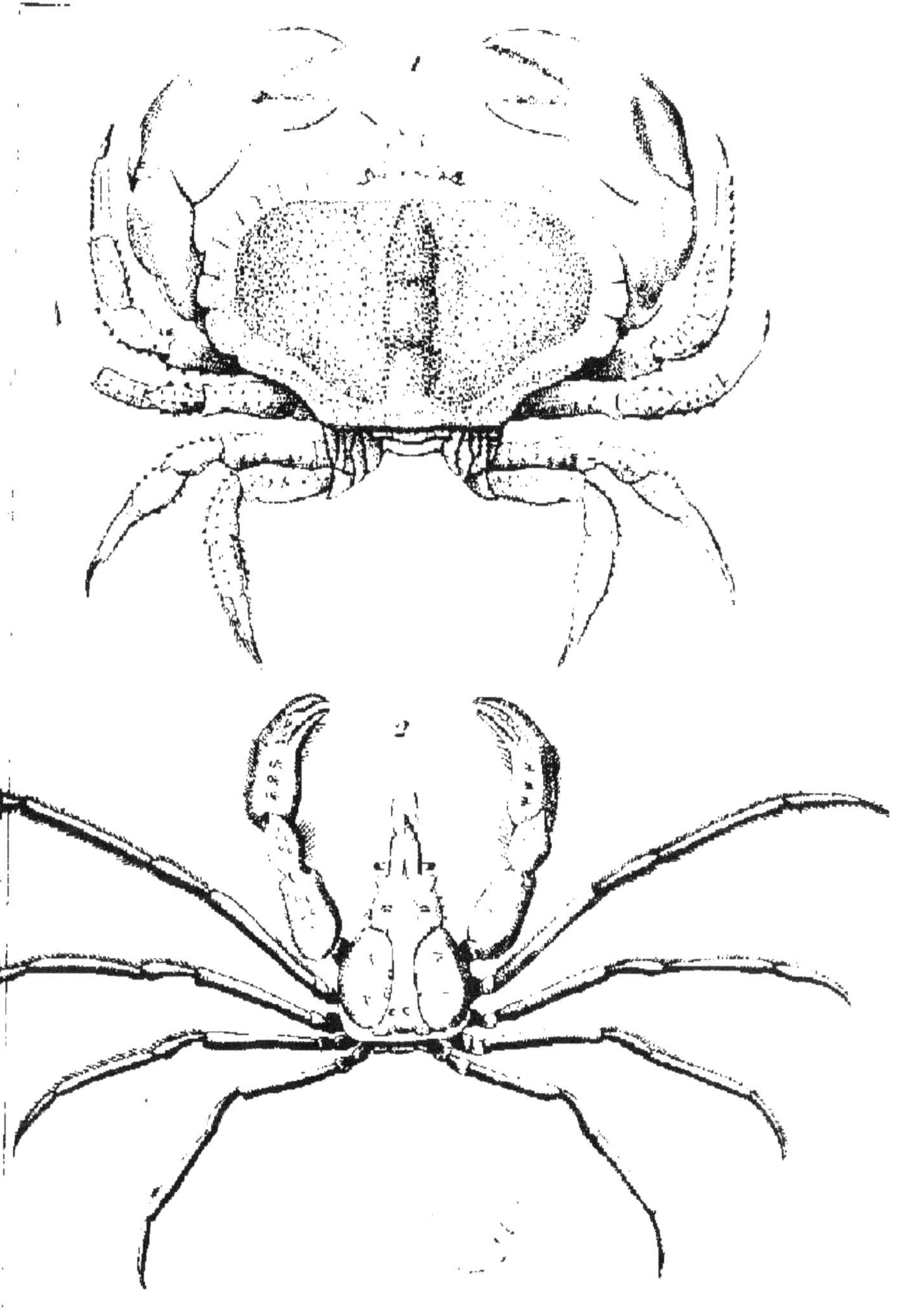

Brachyures

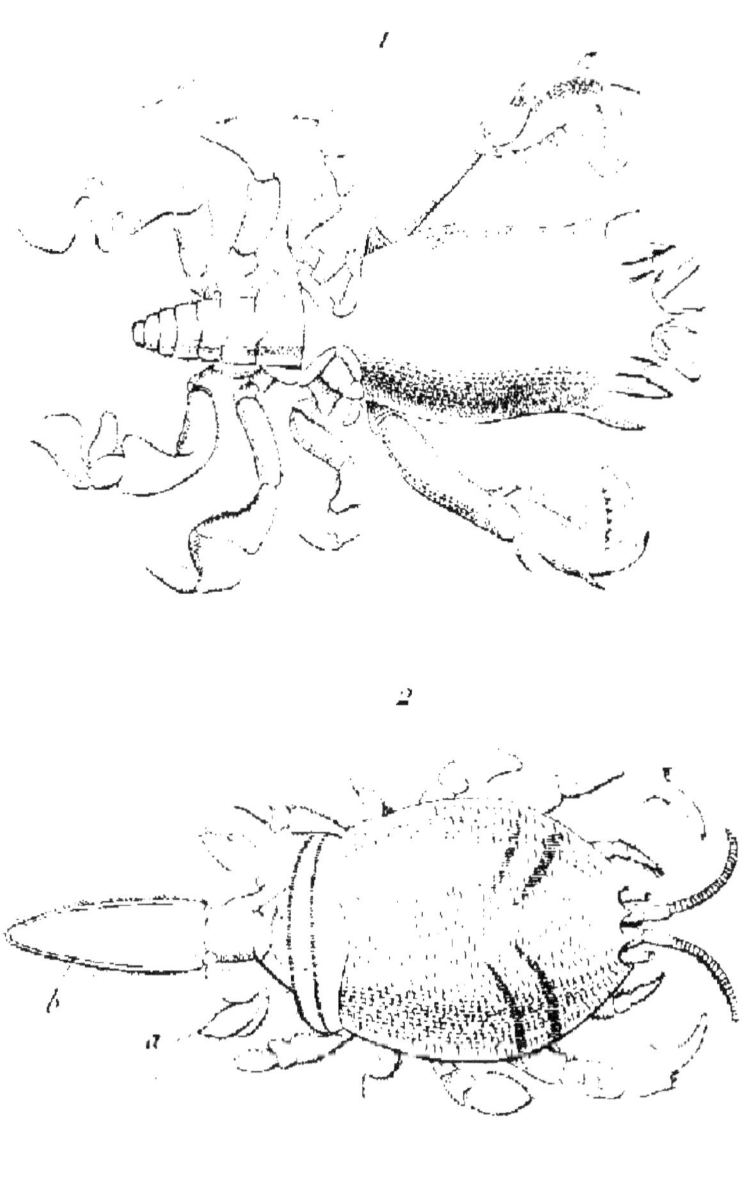

1. *Brachyures*   2. *Macroures*

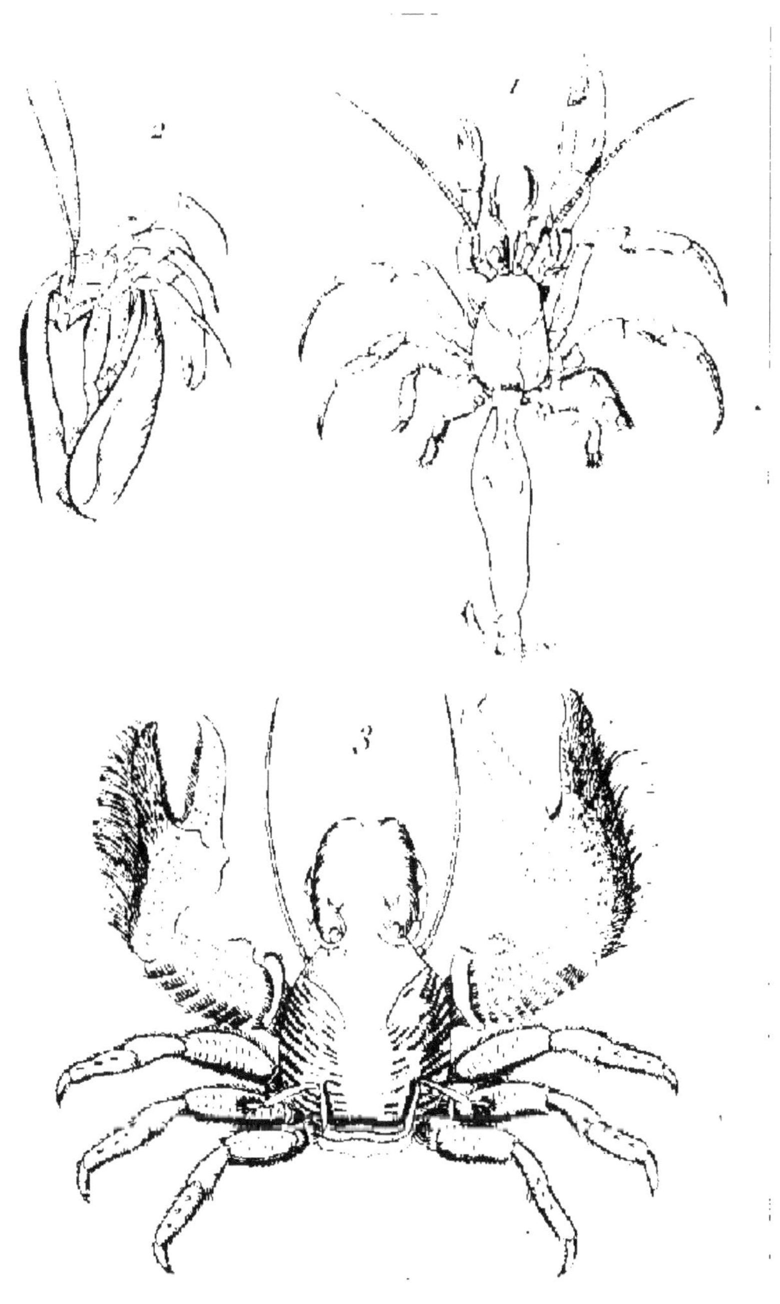

Macroures

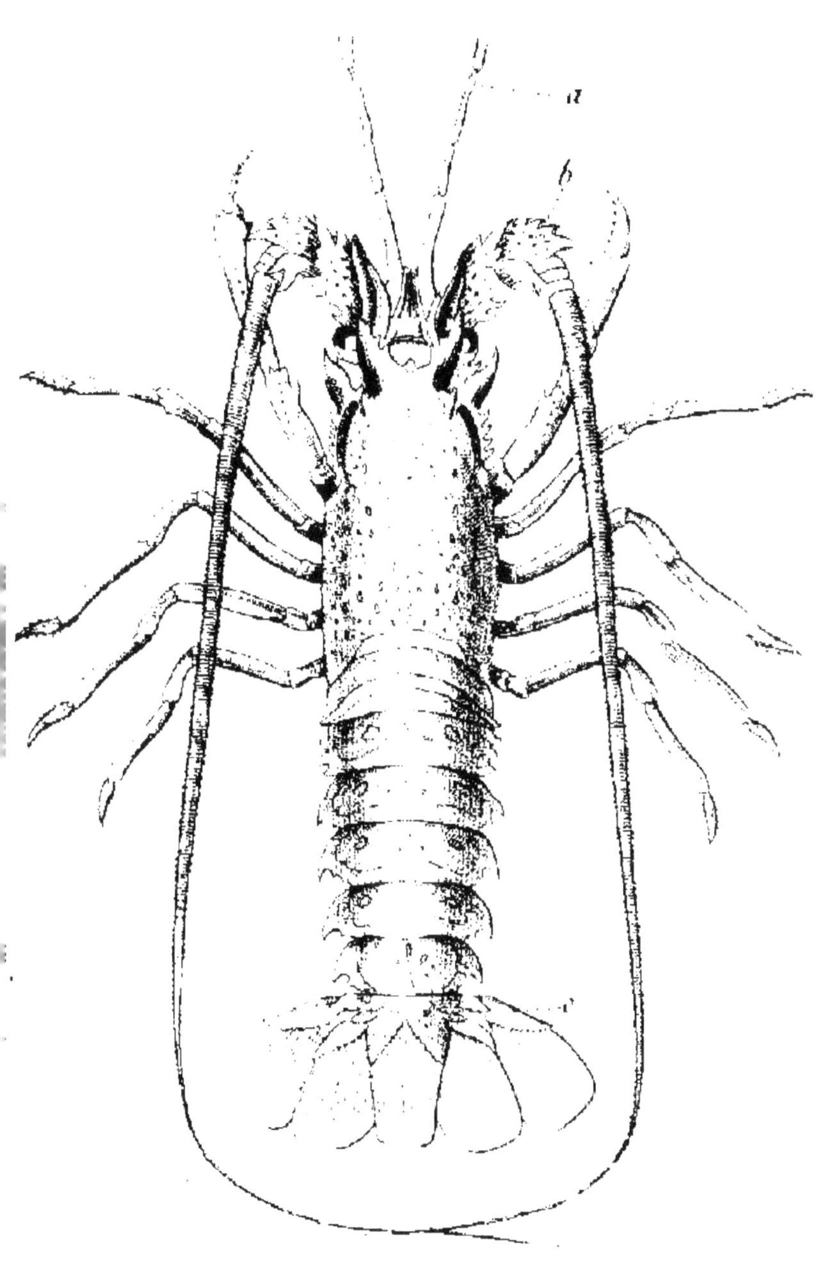

Macroures

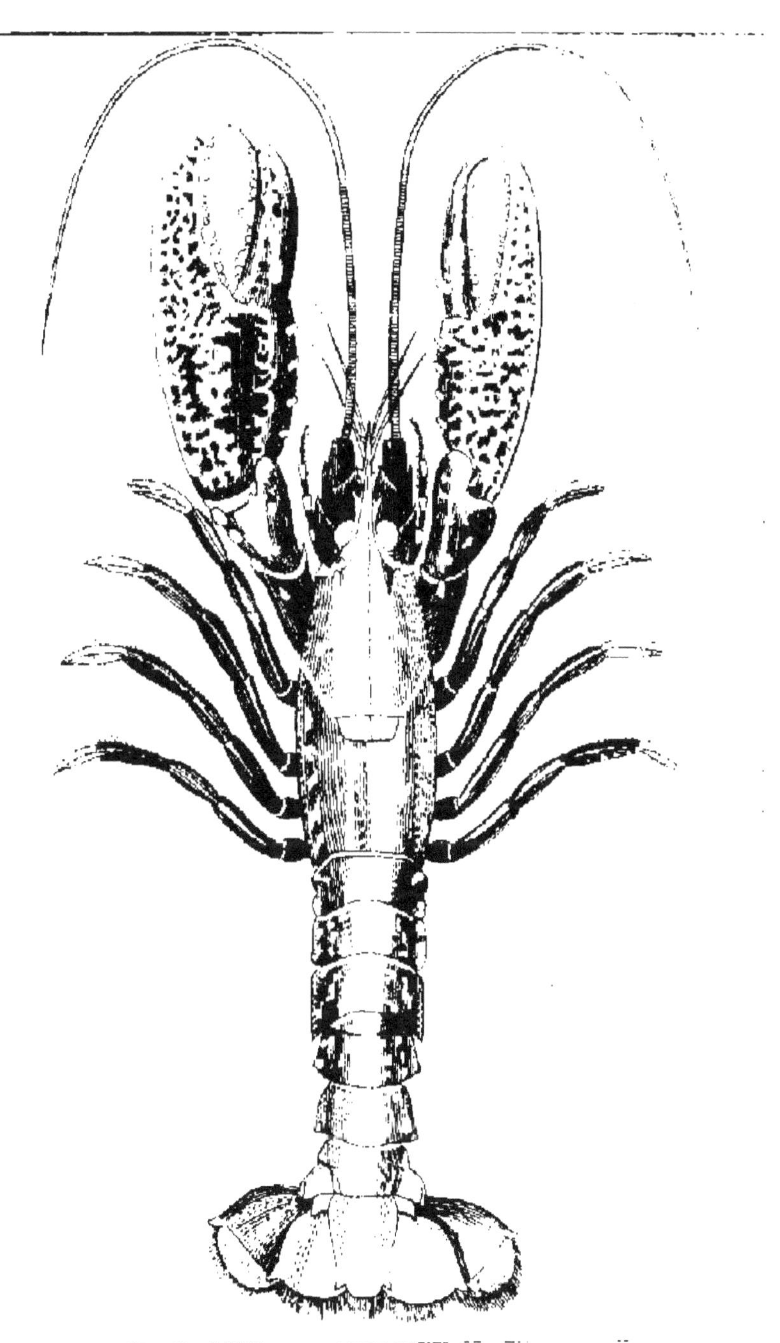

Macroures

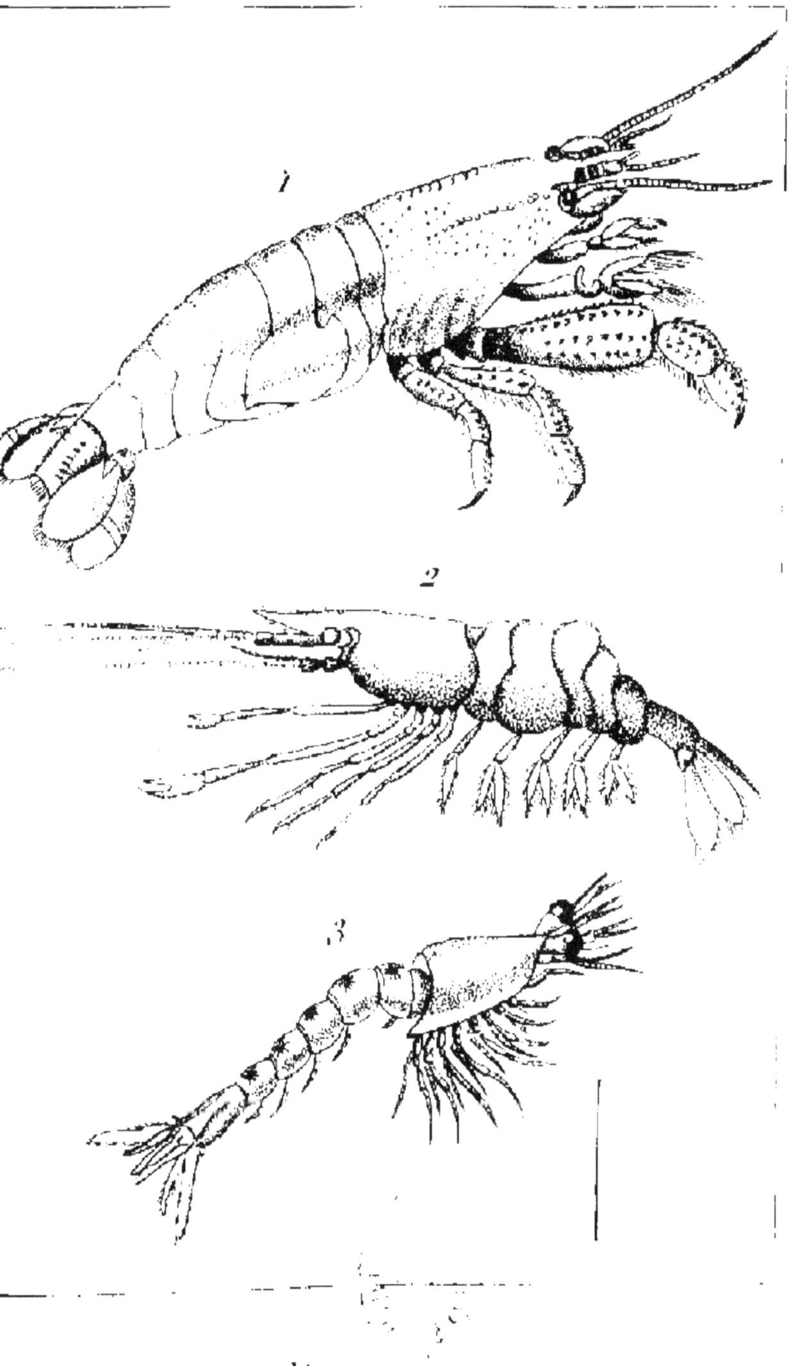

Macroures

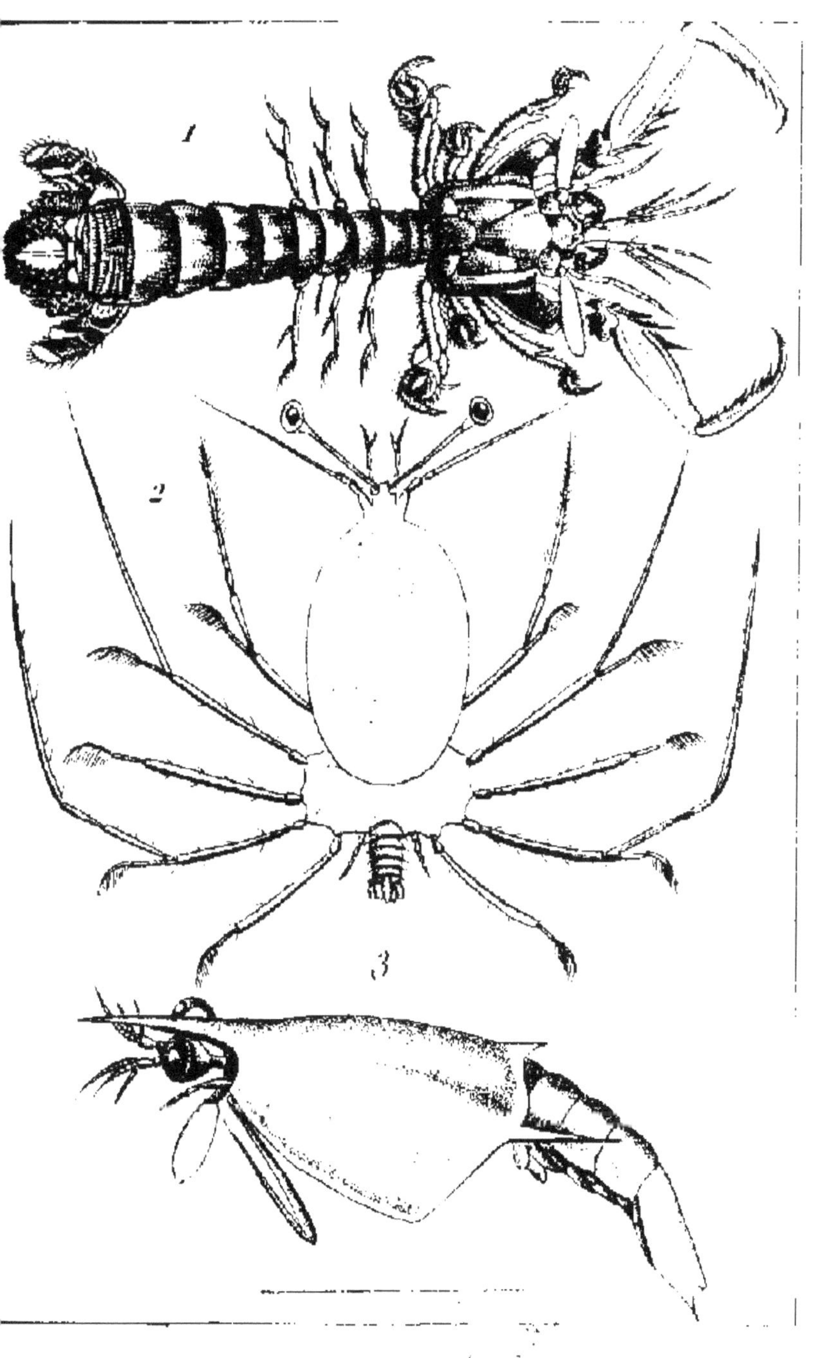

1-3. Unipeltée. 2. Bipeltée.

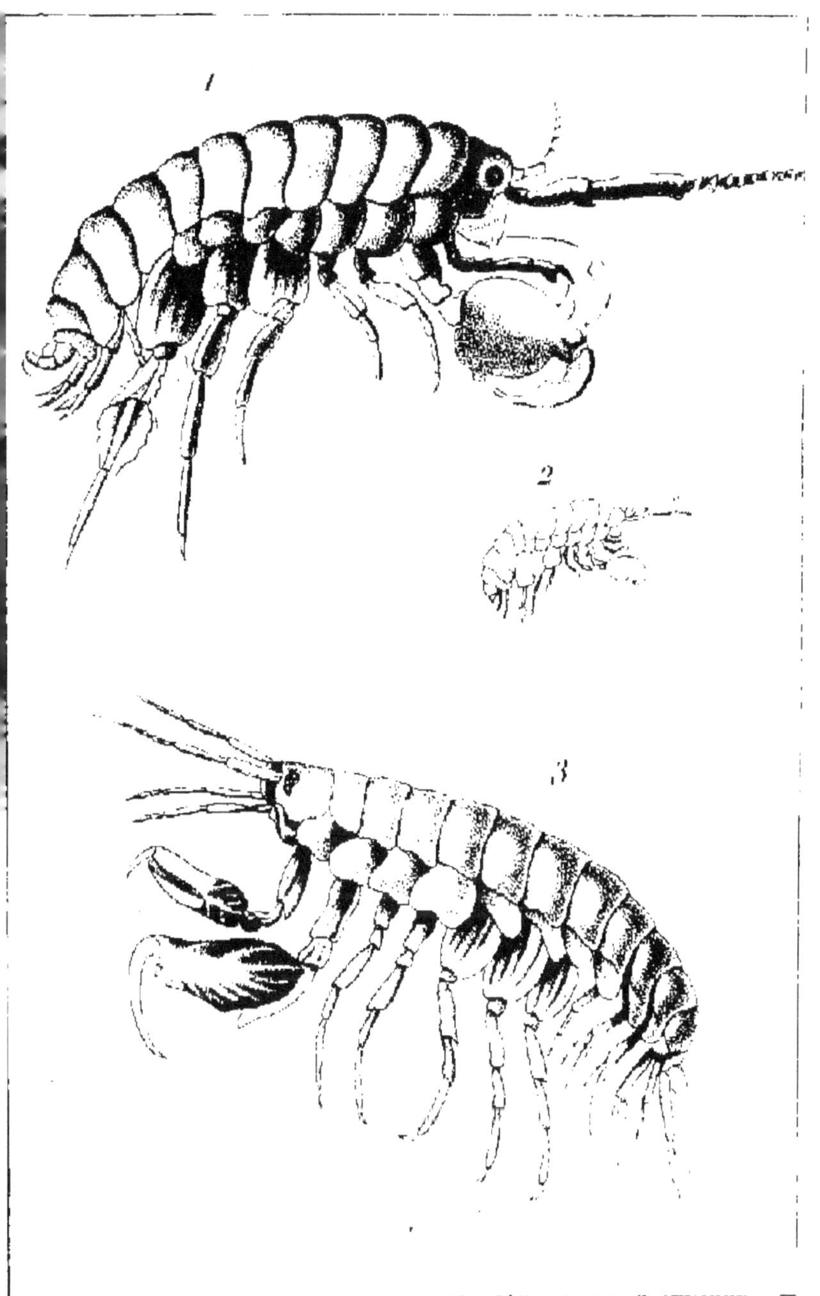

Amphipodes

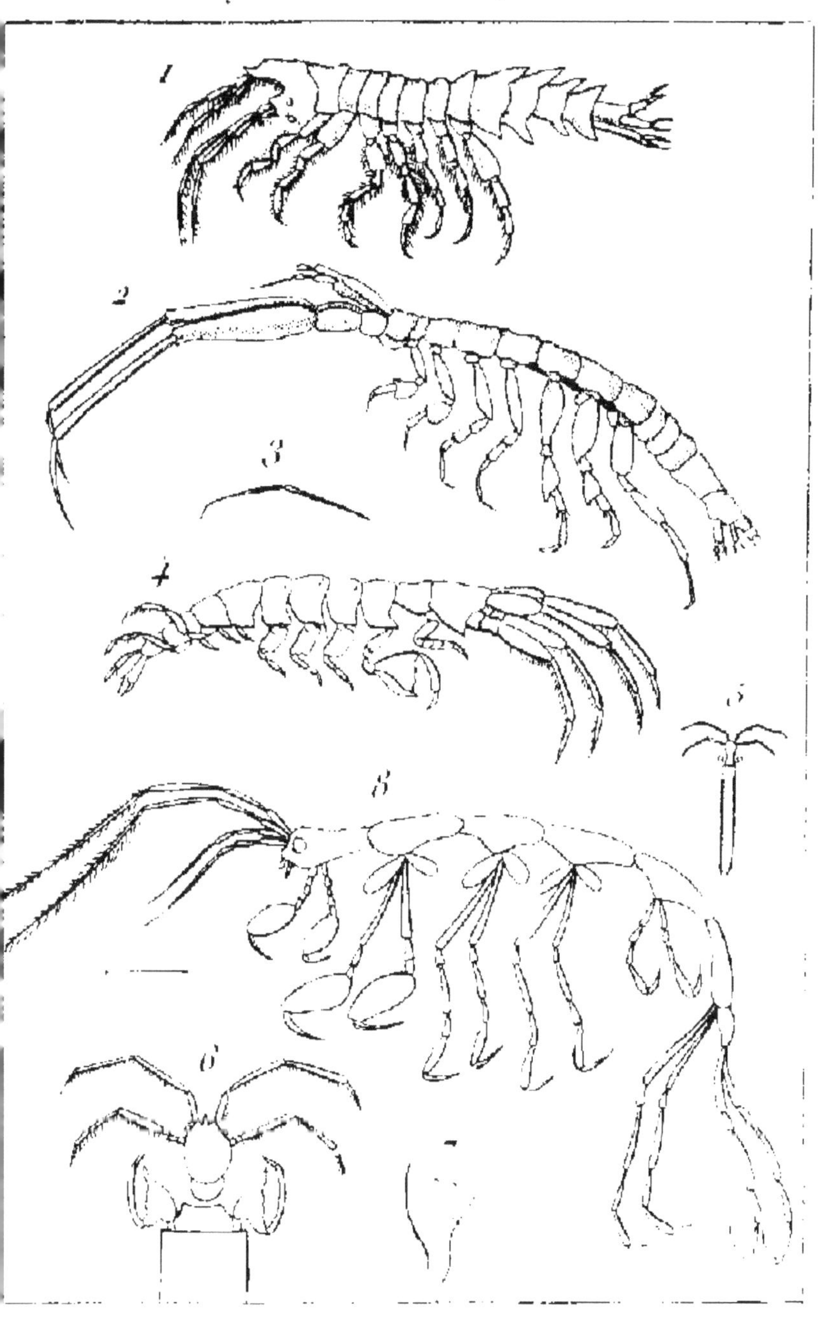

1-7. Amphipodes. 8 Lœmipodes.

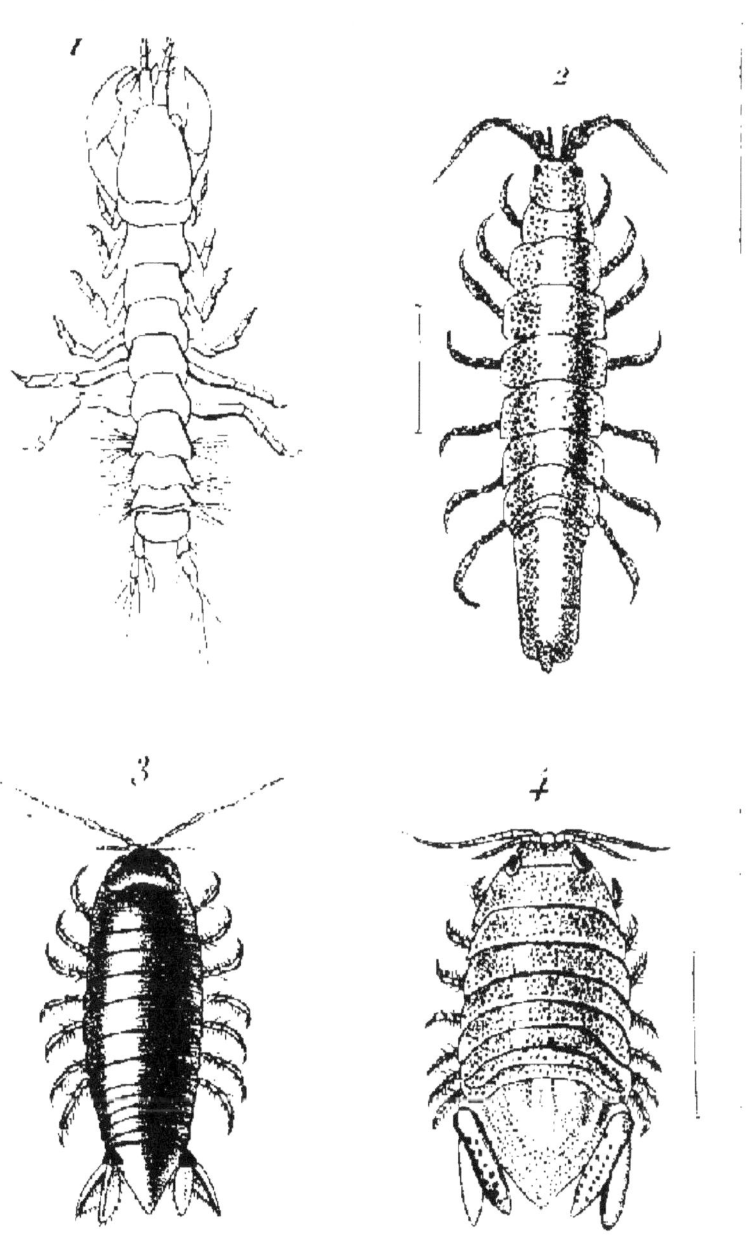

Leepodes

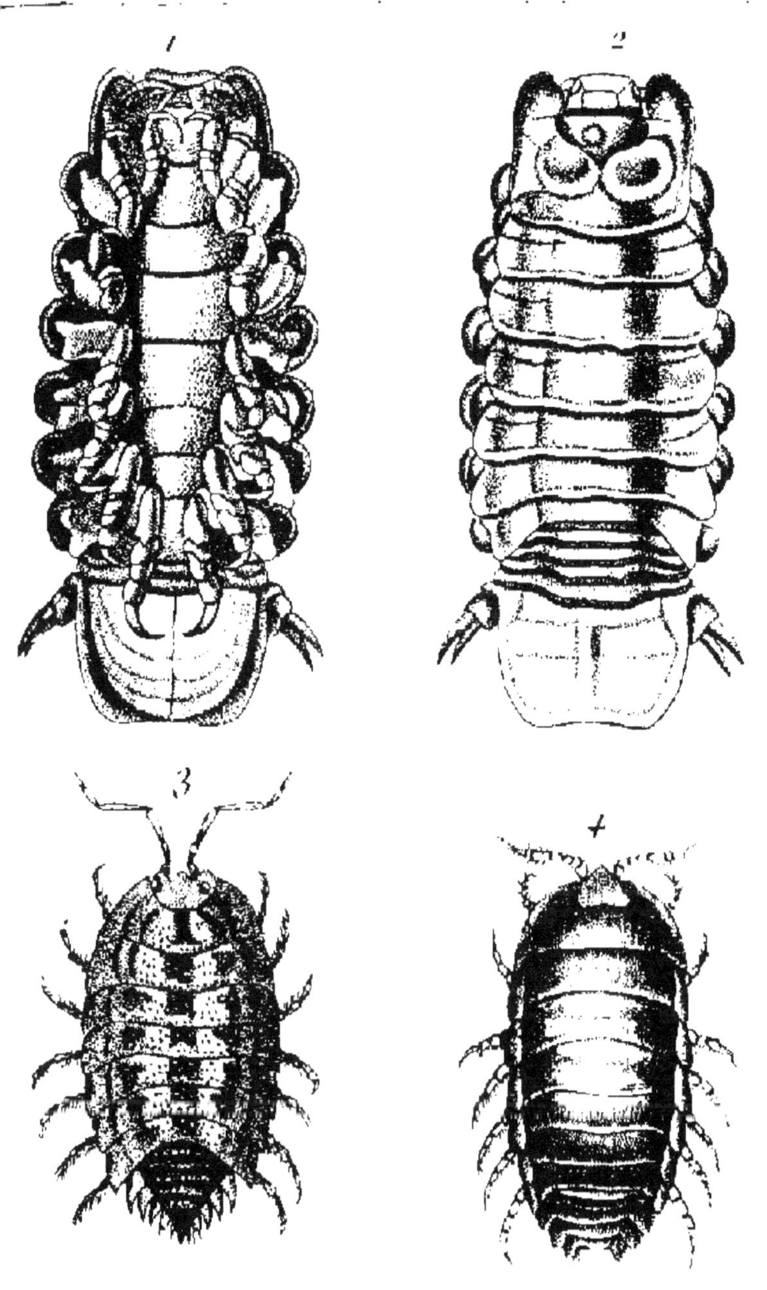

Isopodes

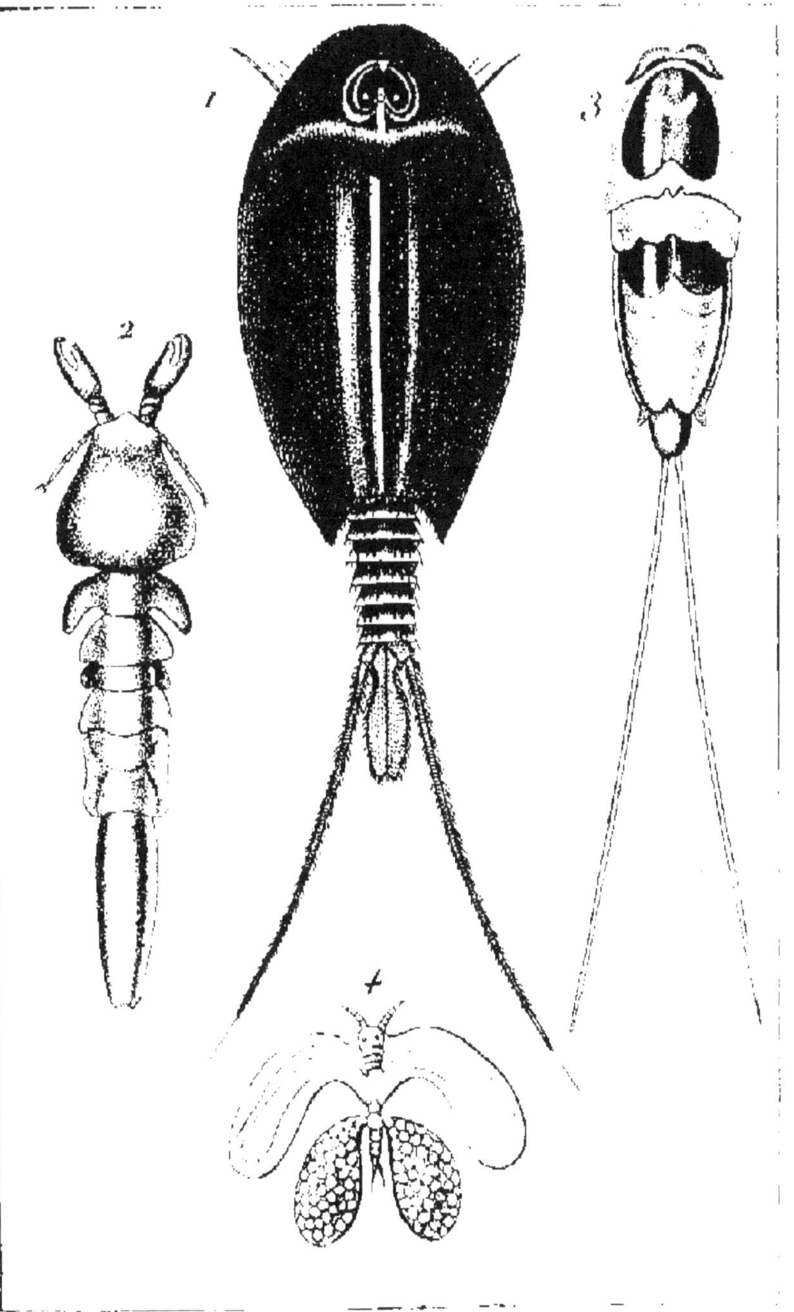

1 Phillope. 2-4. Siphonostomes

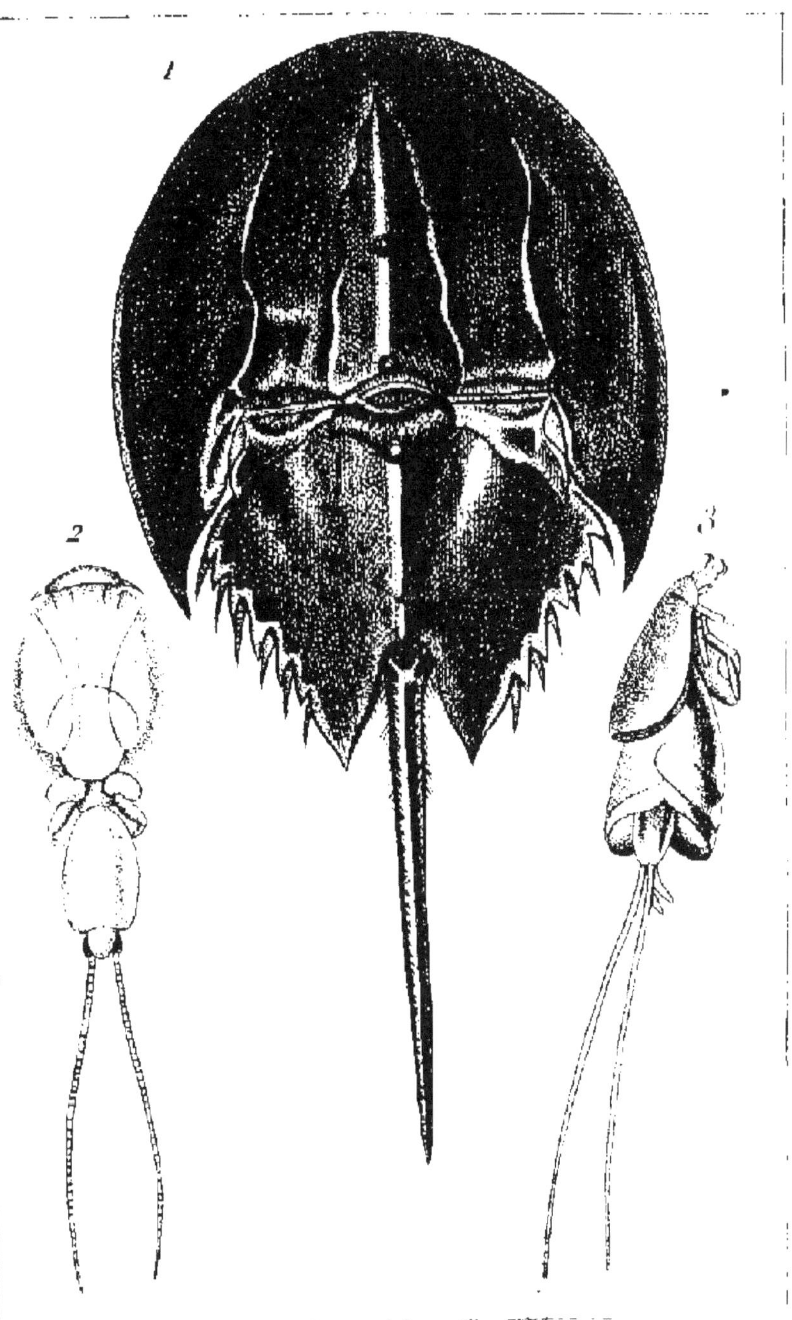

1. Xyphosures. 2.3 Siphonostomes

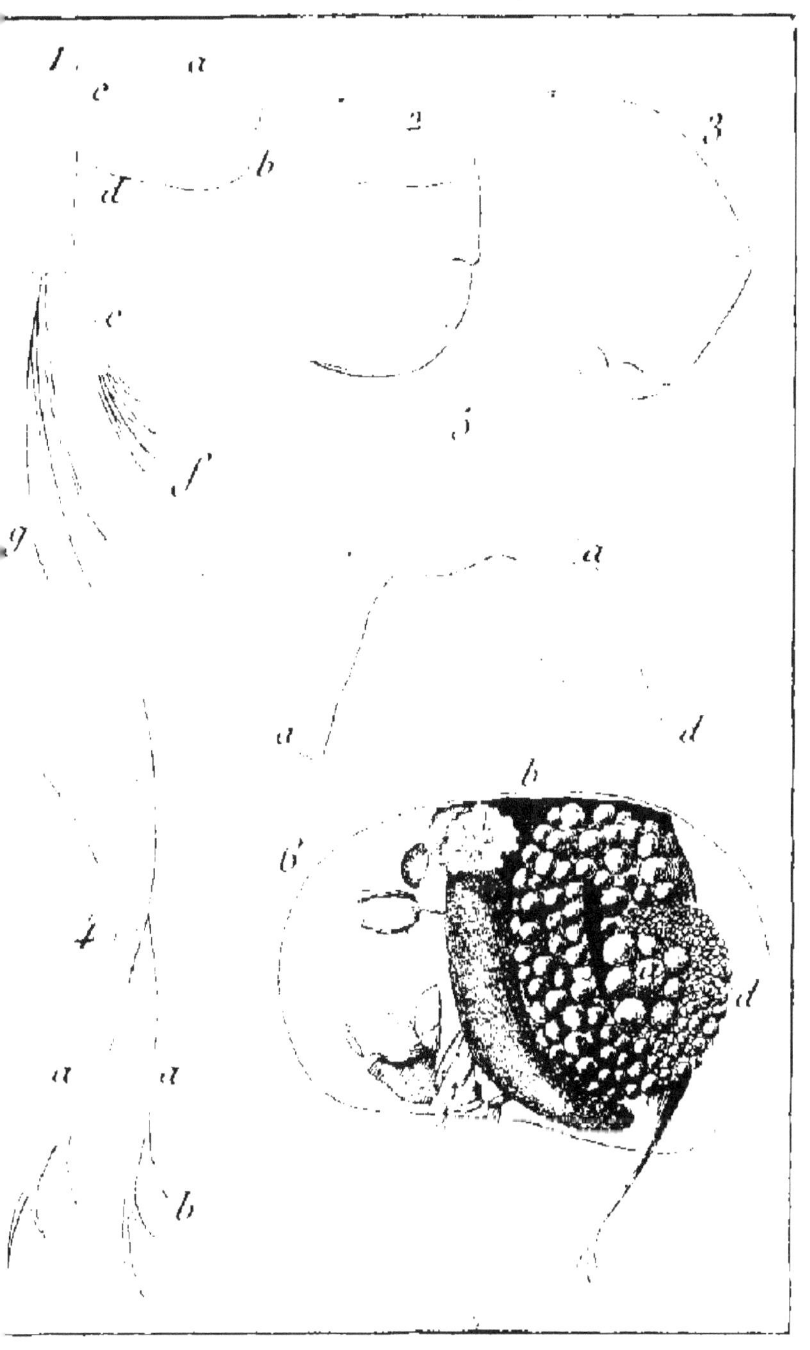
Lophyropes.

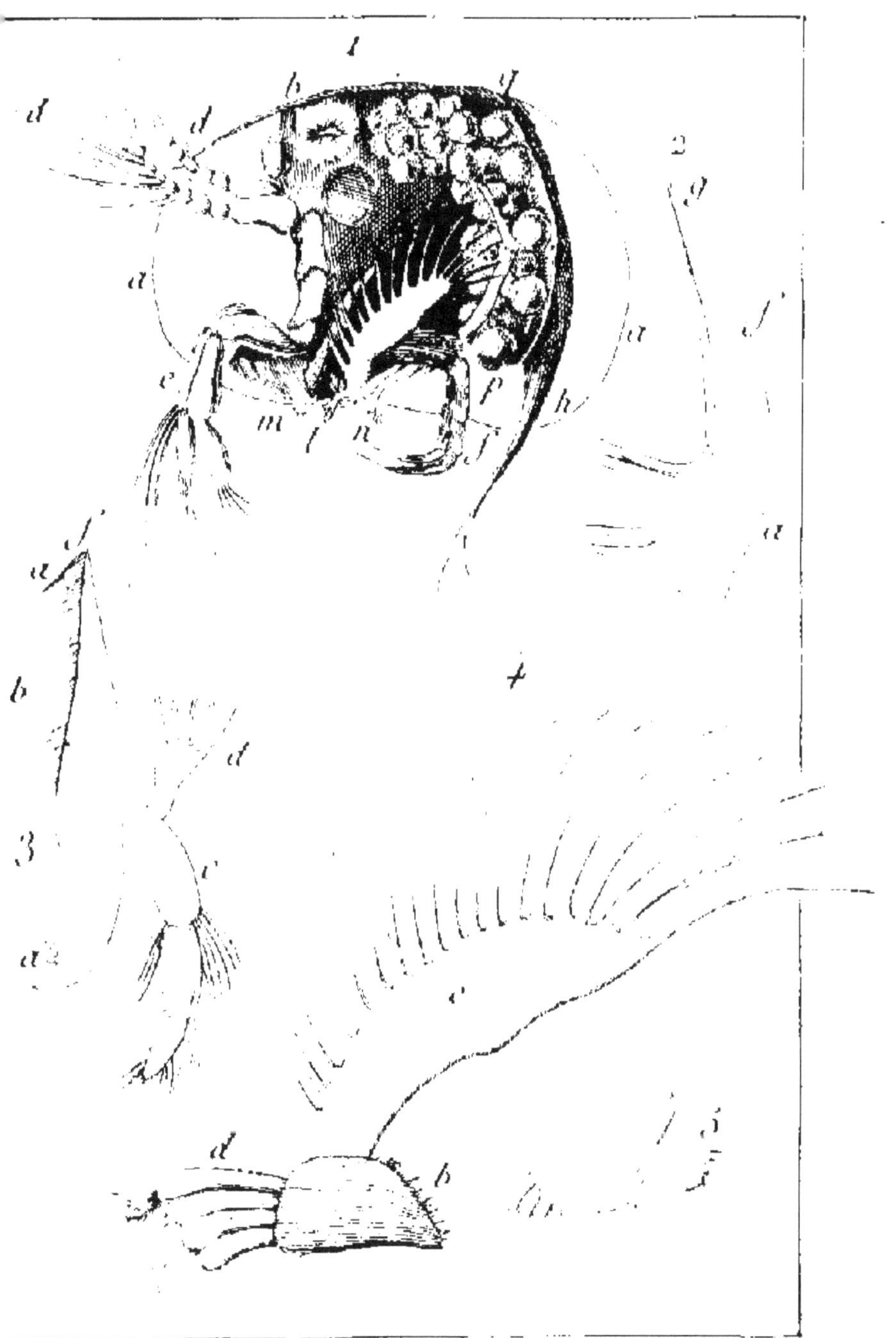

Lophyropes

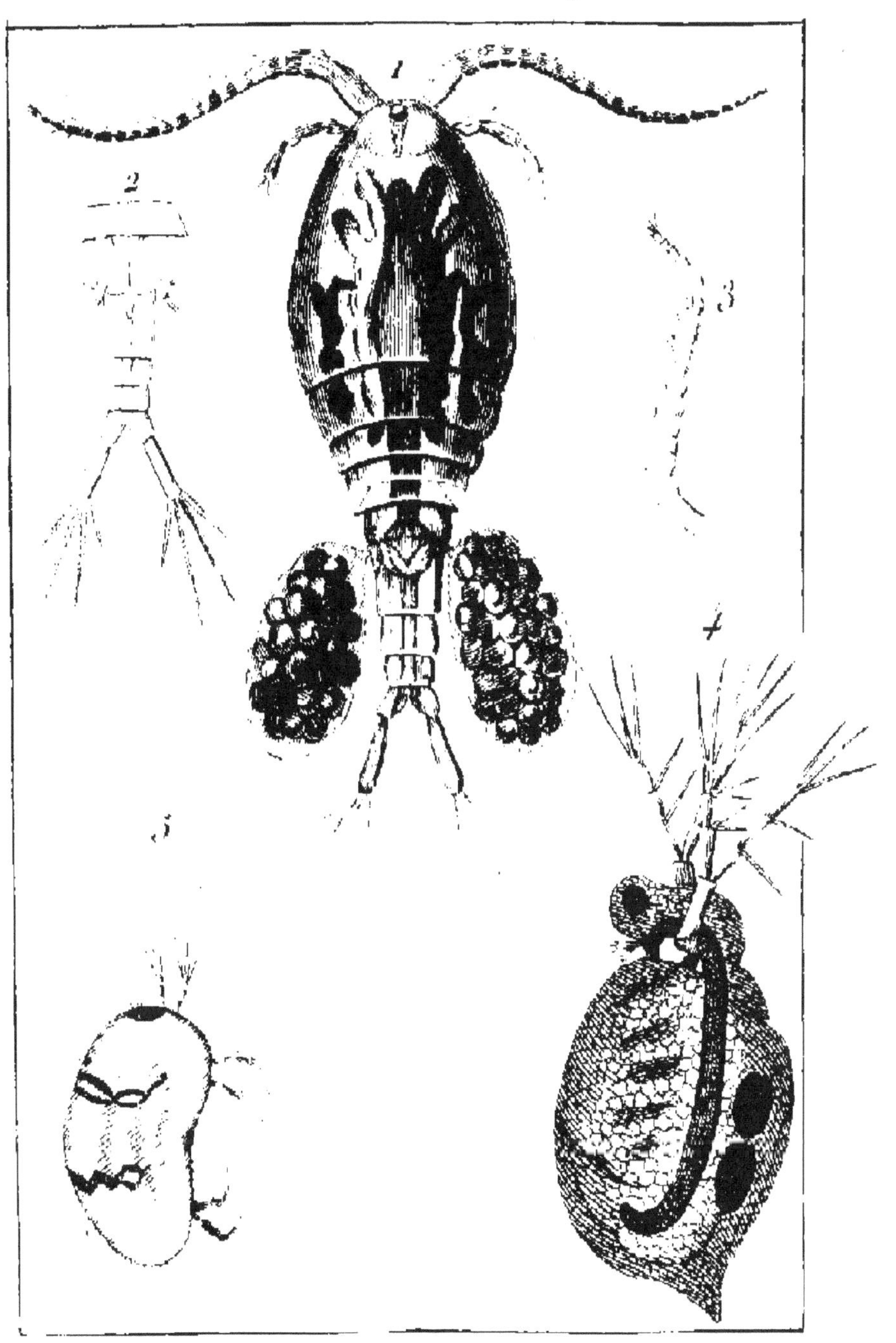

Lophyropea

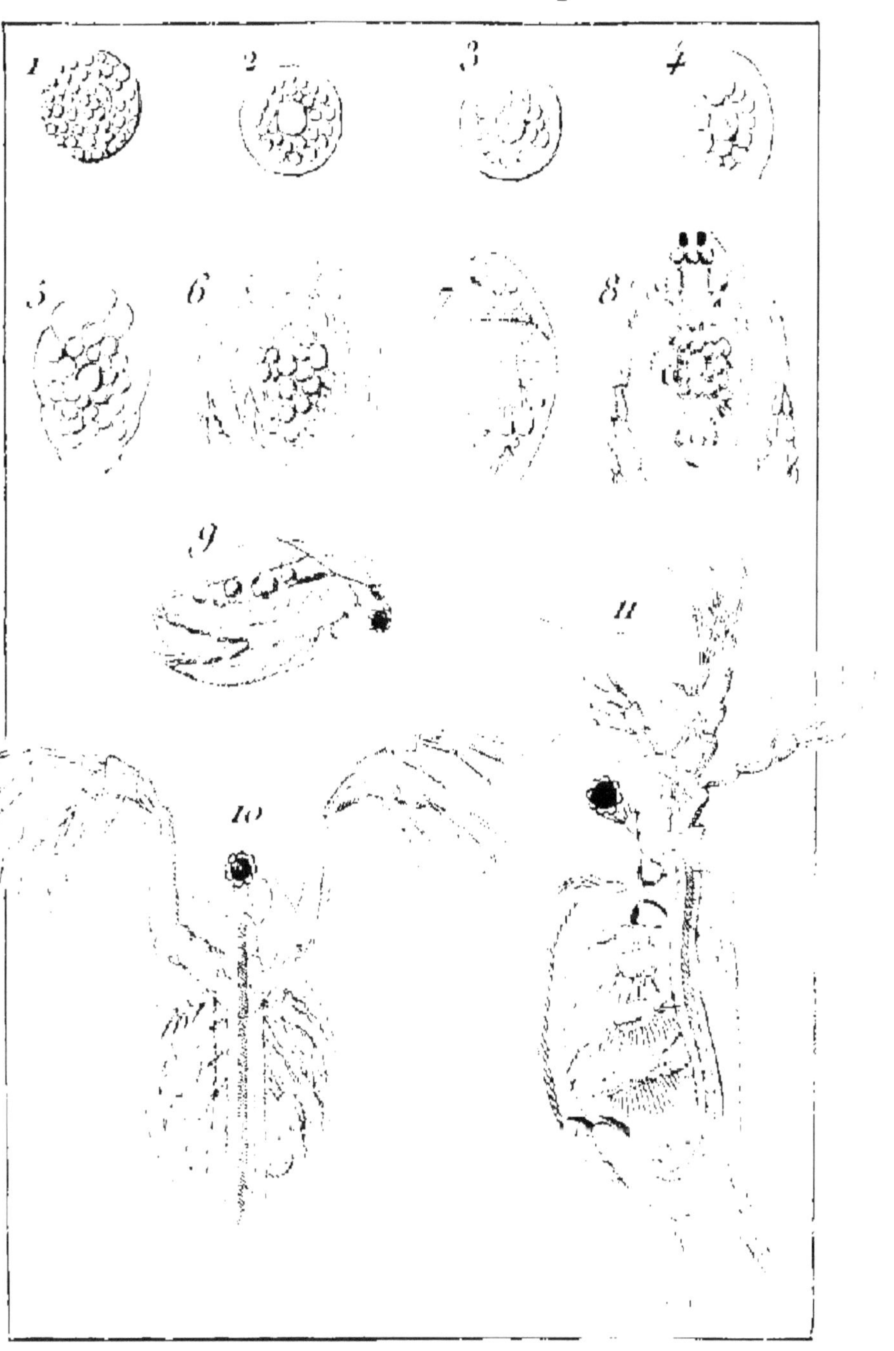

Lophyropes.

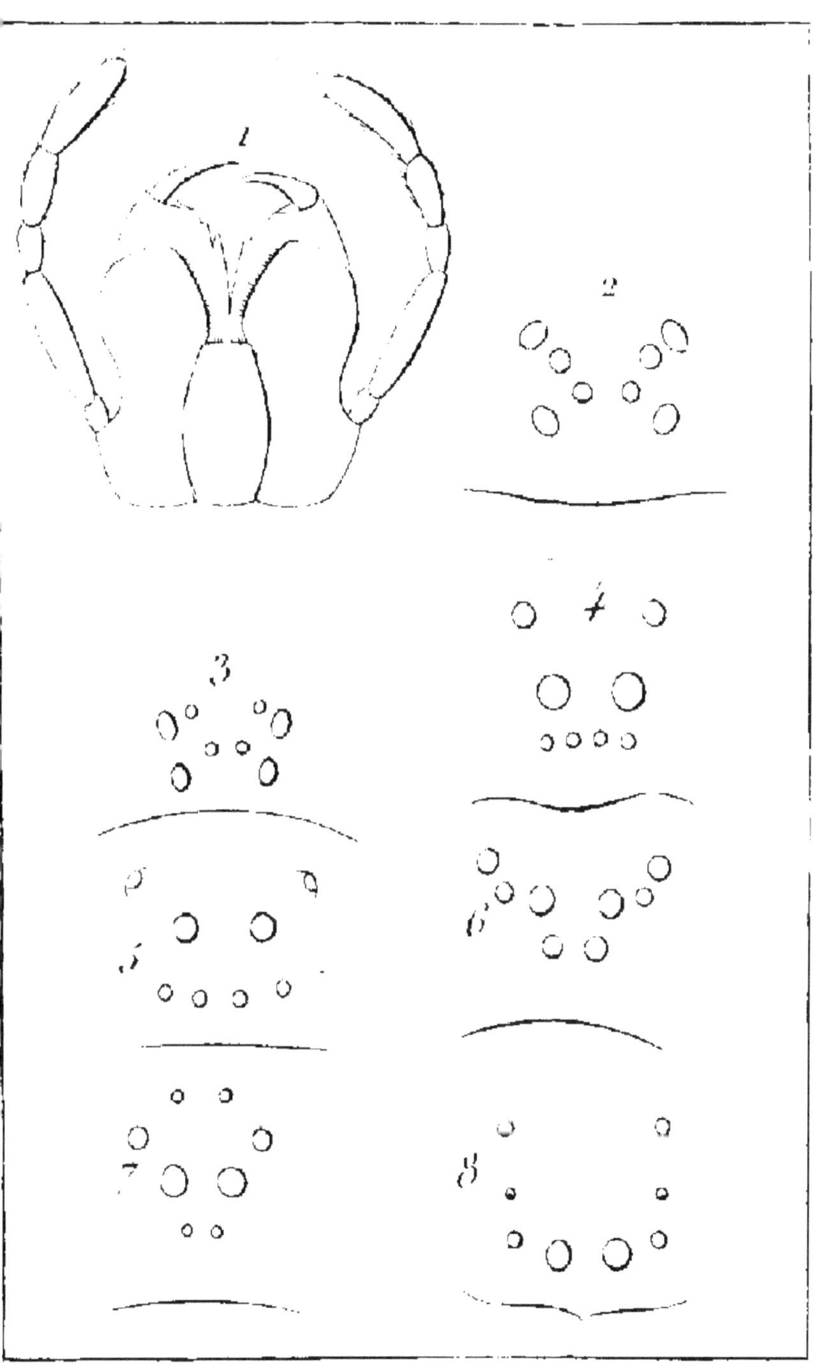

Caractères

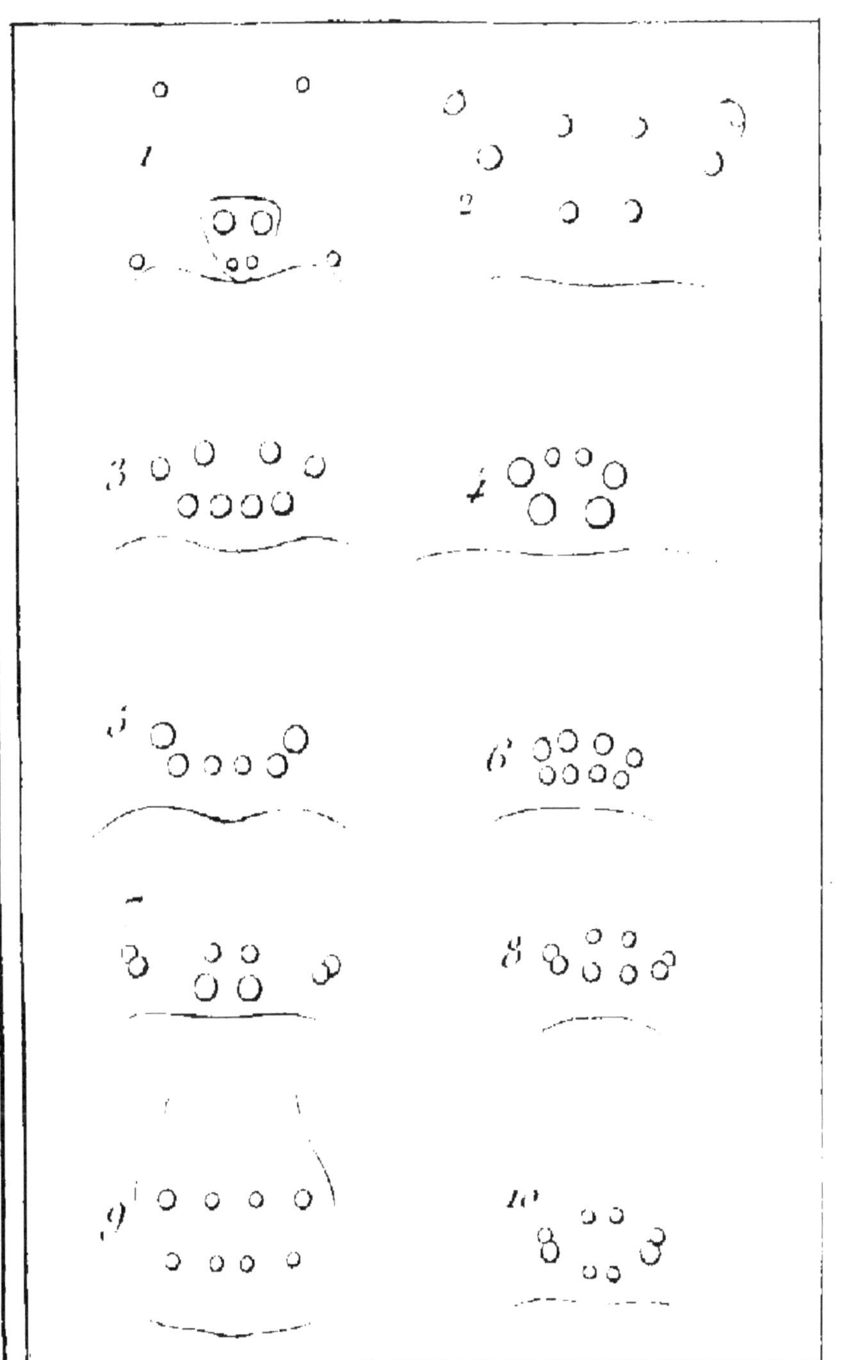

Caractères

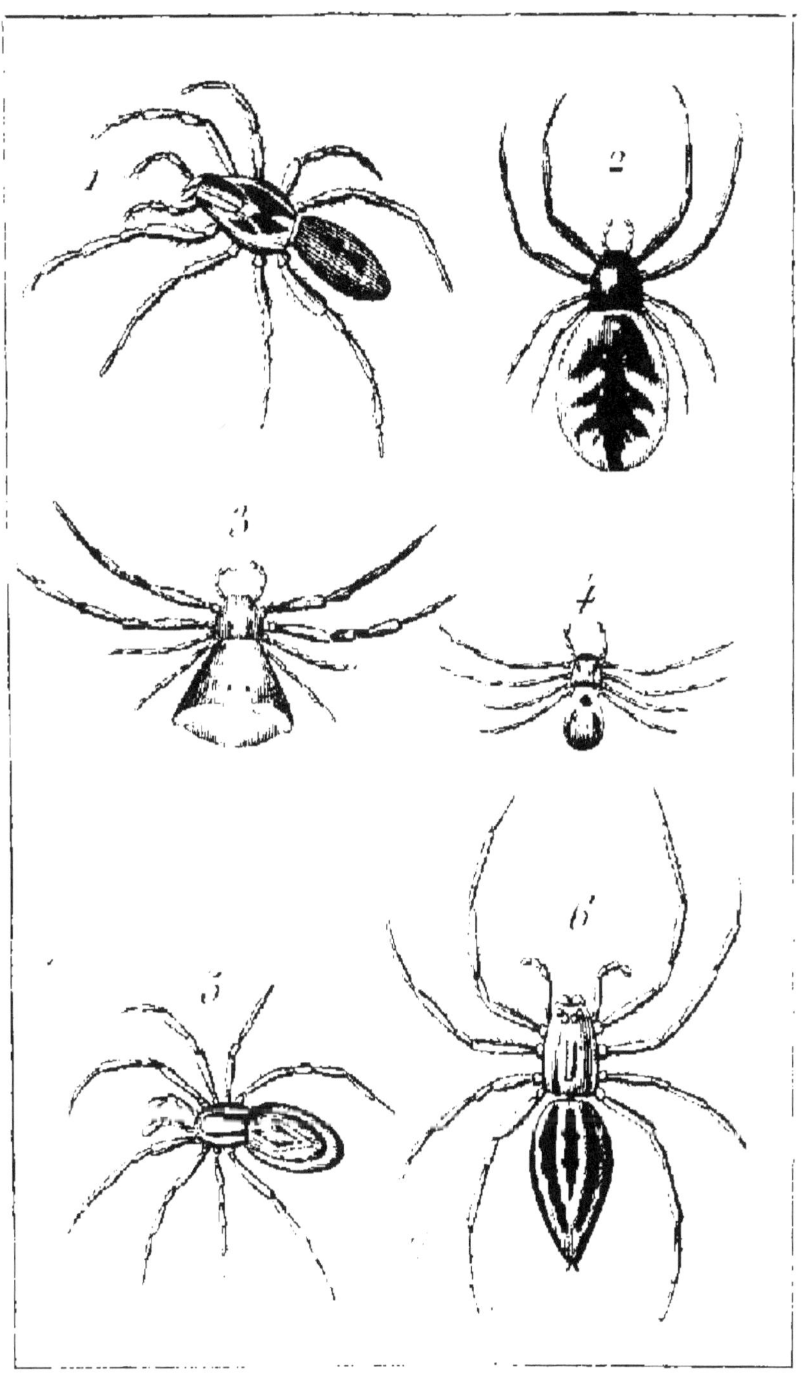

Fileuses

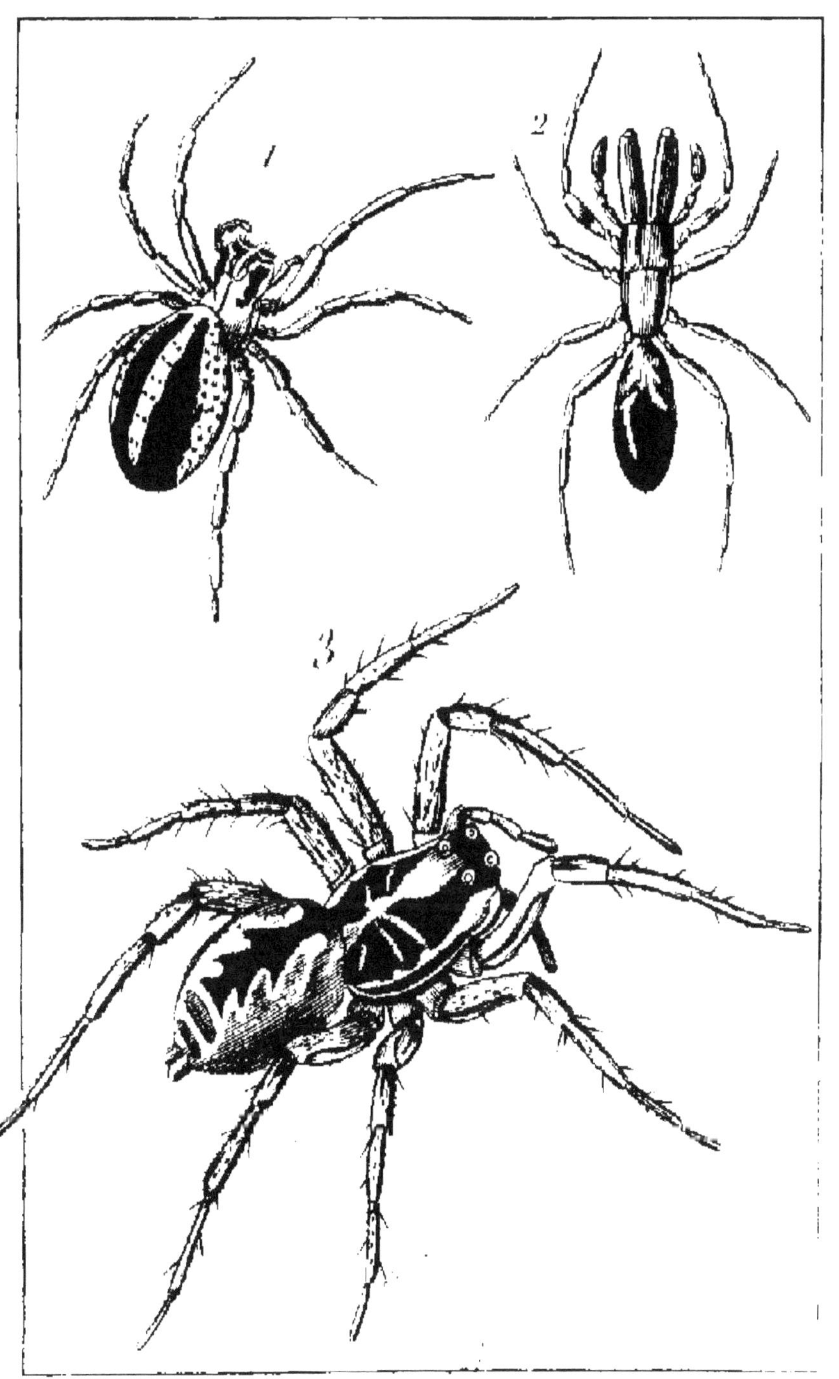

Fileuses.

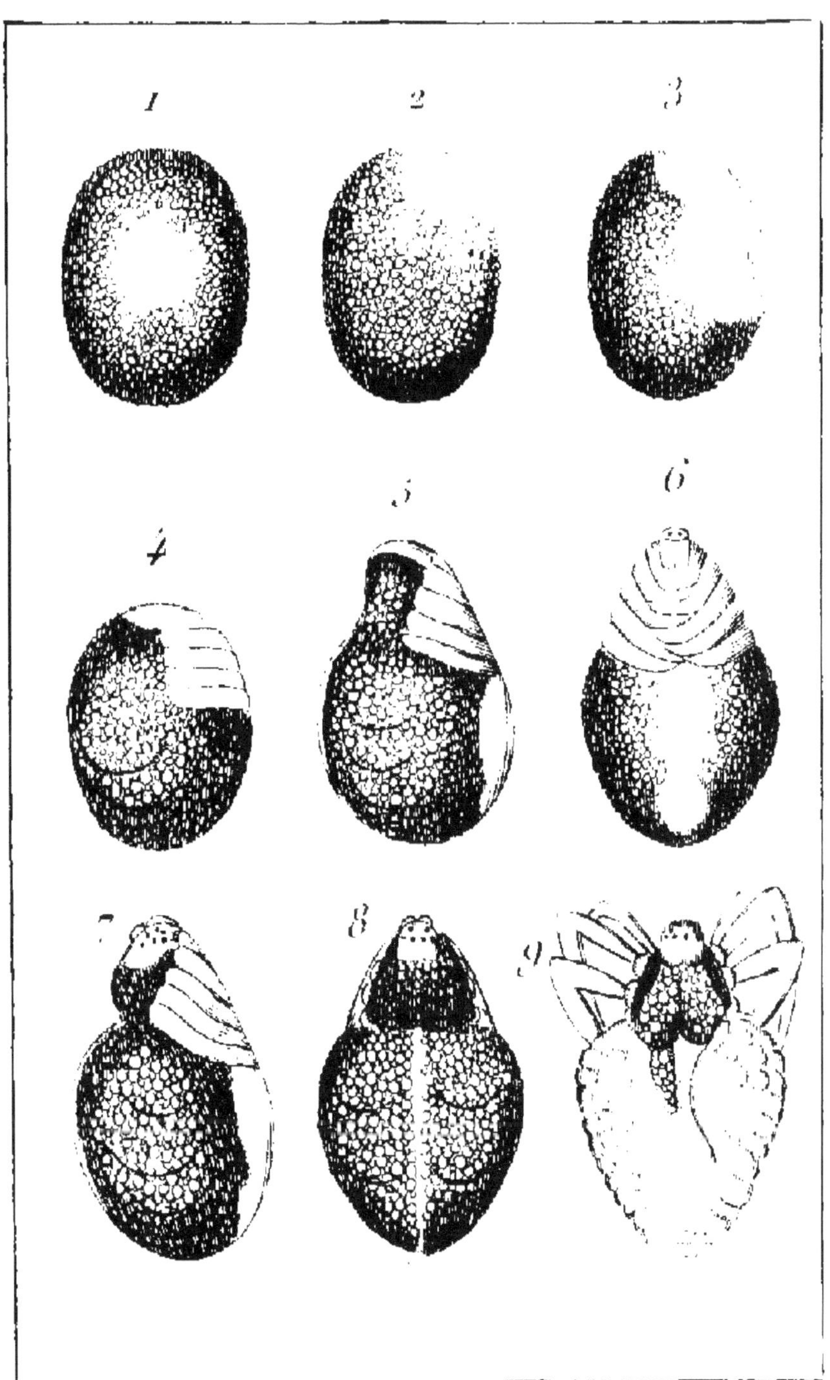

Développement des Œufs.

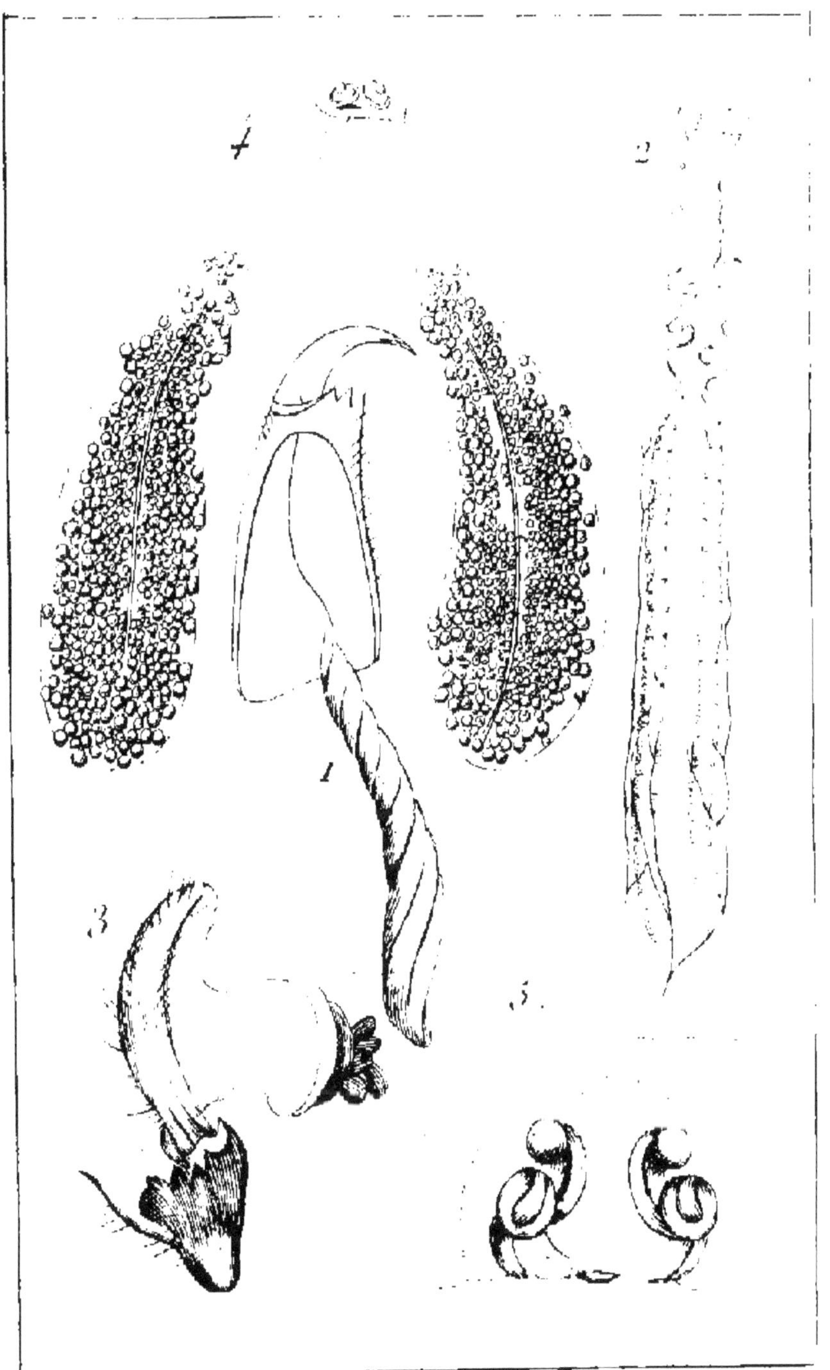

Anatomie.

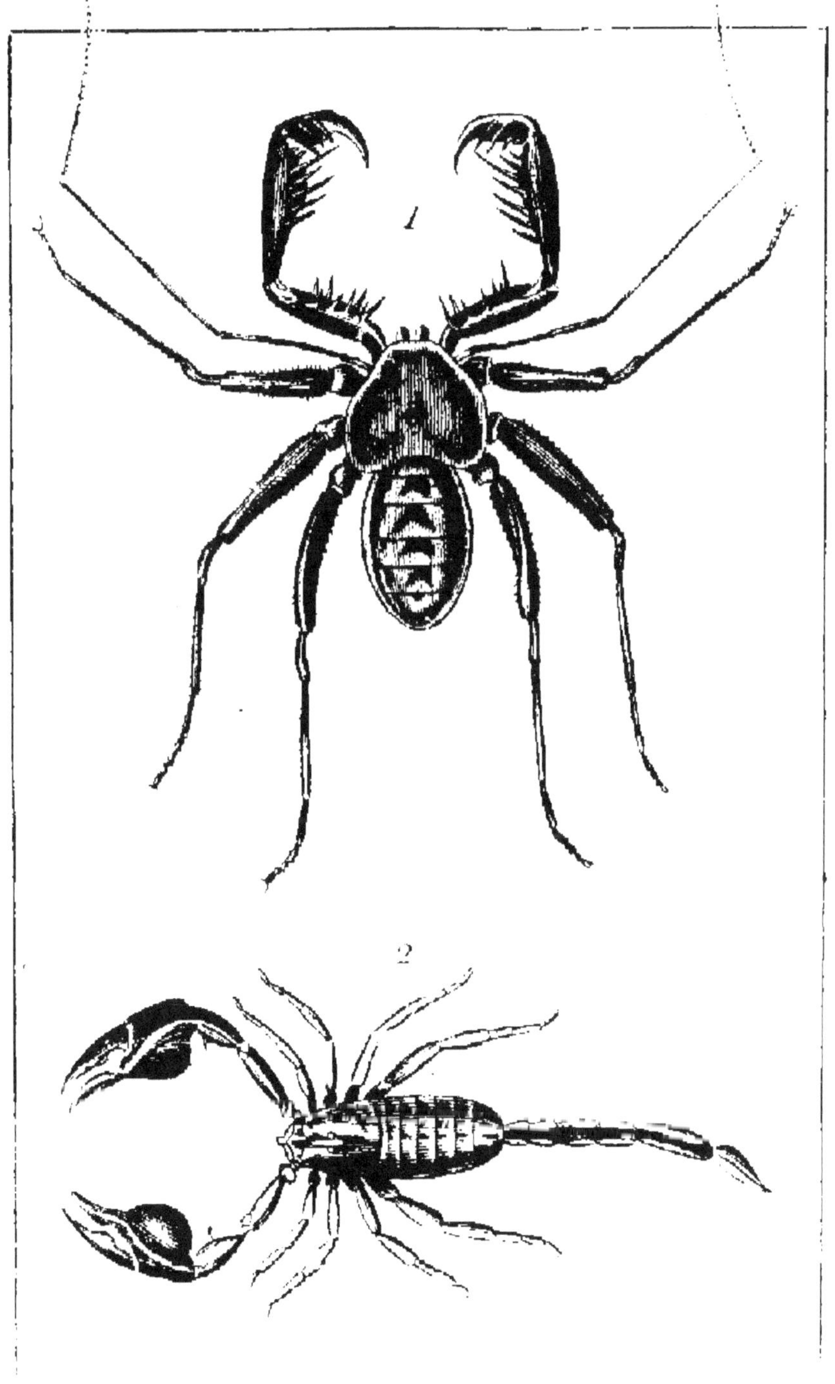

Fileuses.

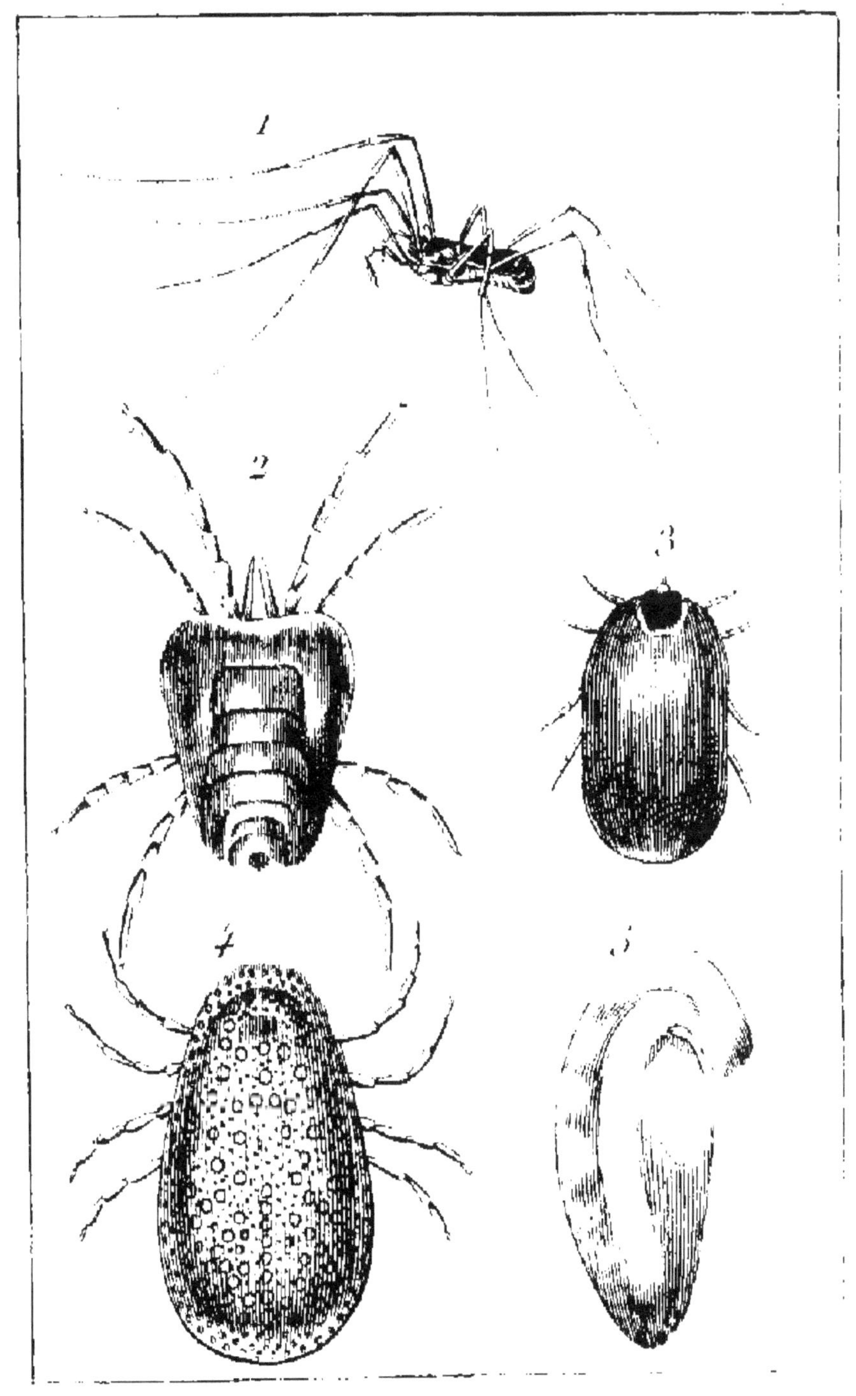

Holétres

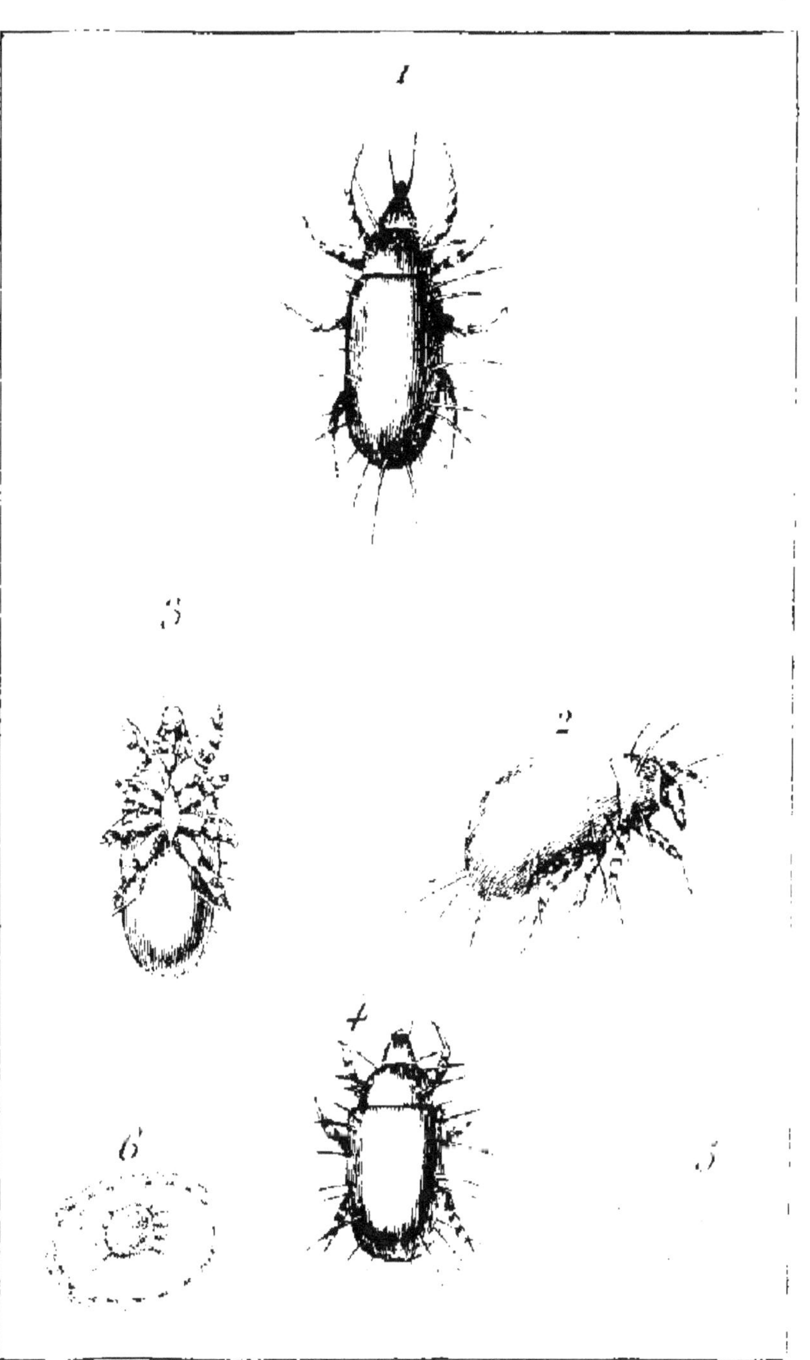

Holètres

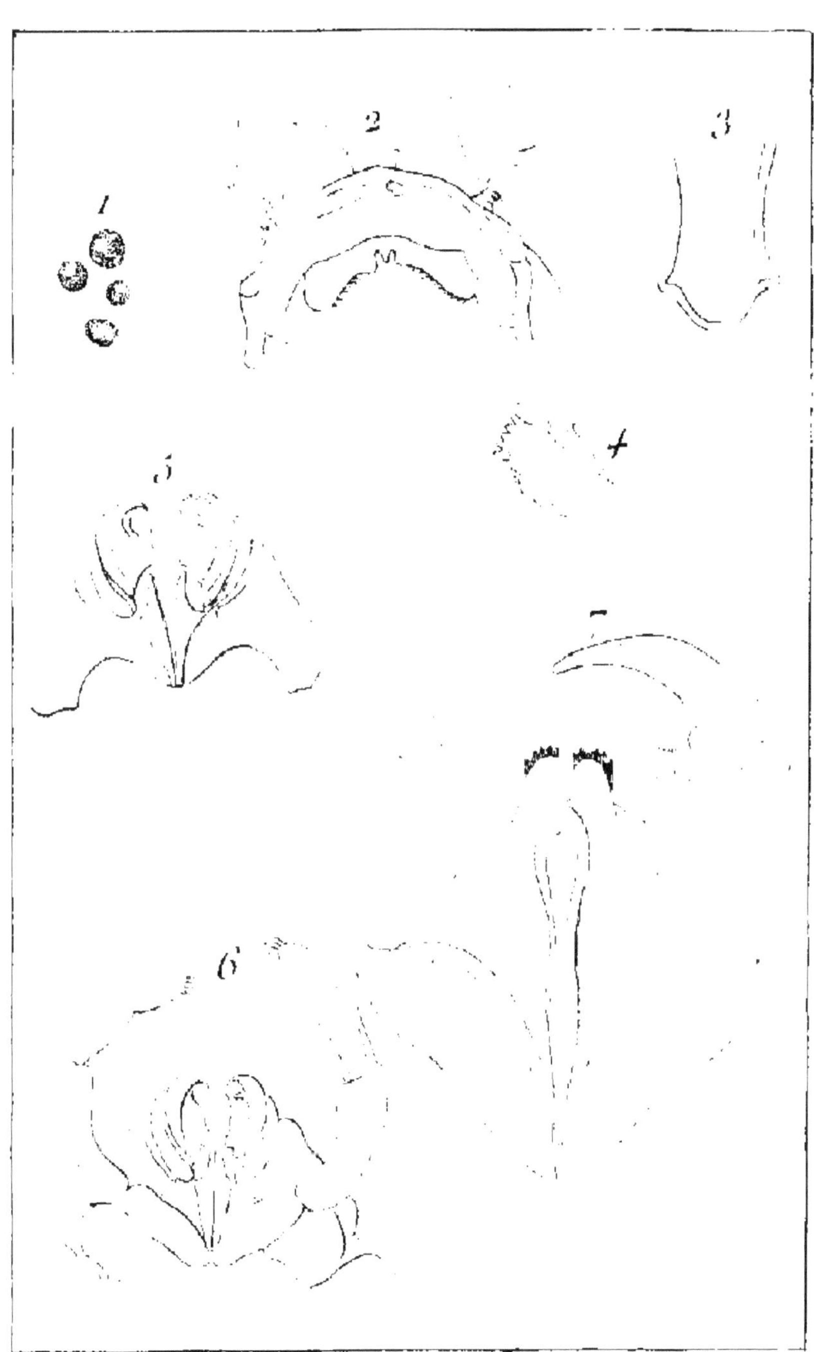

Caractères

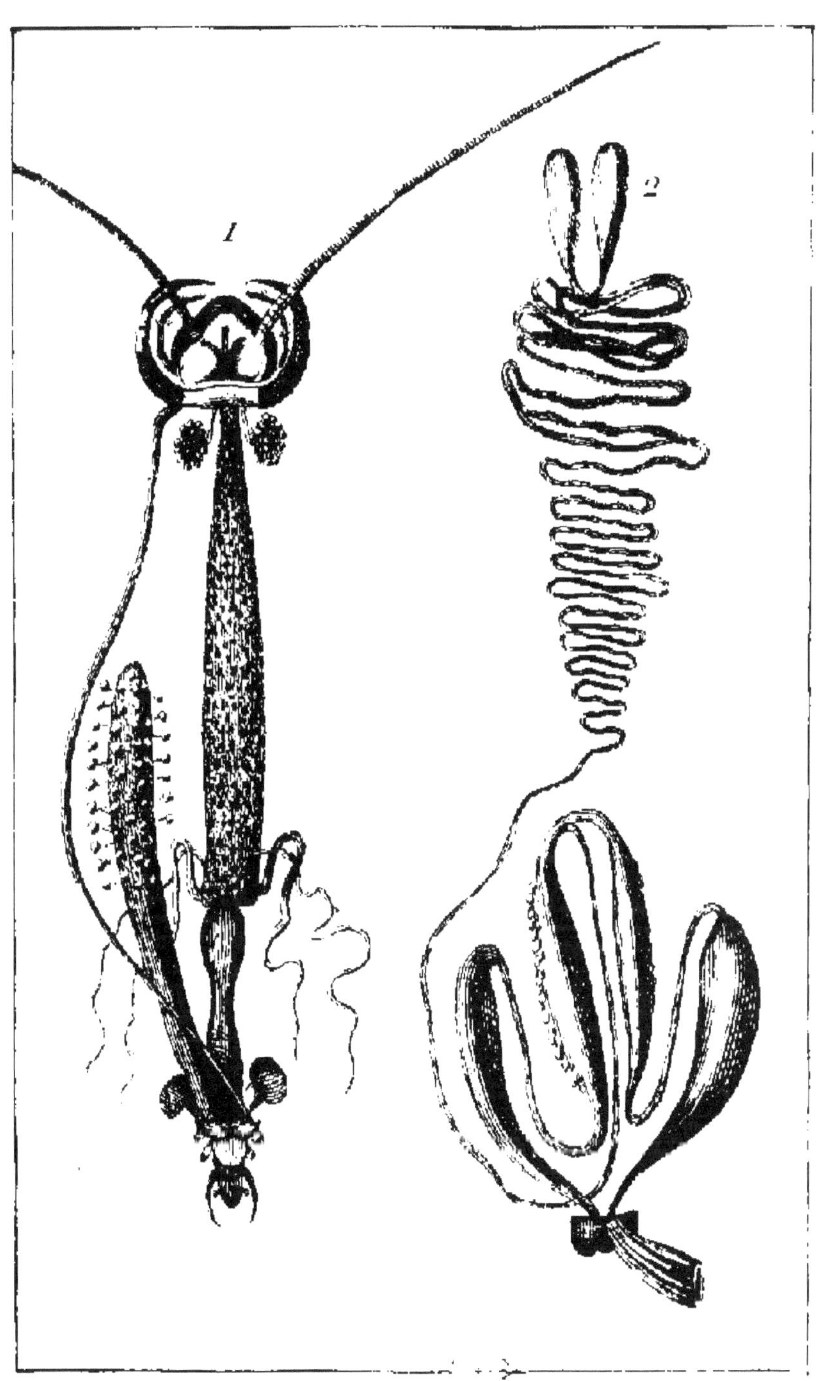

Anatomie.

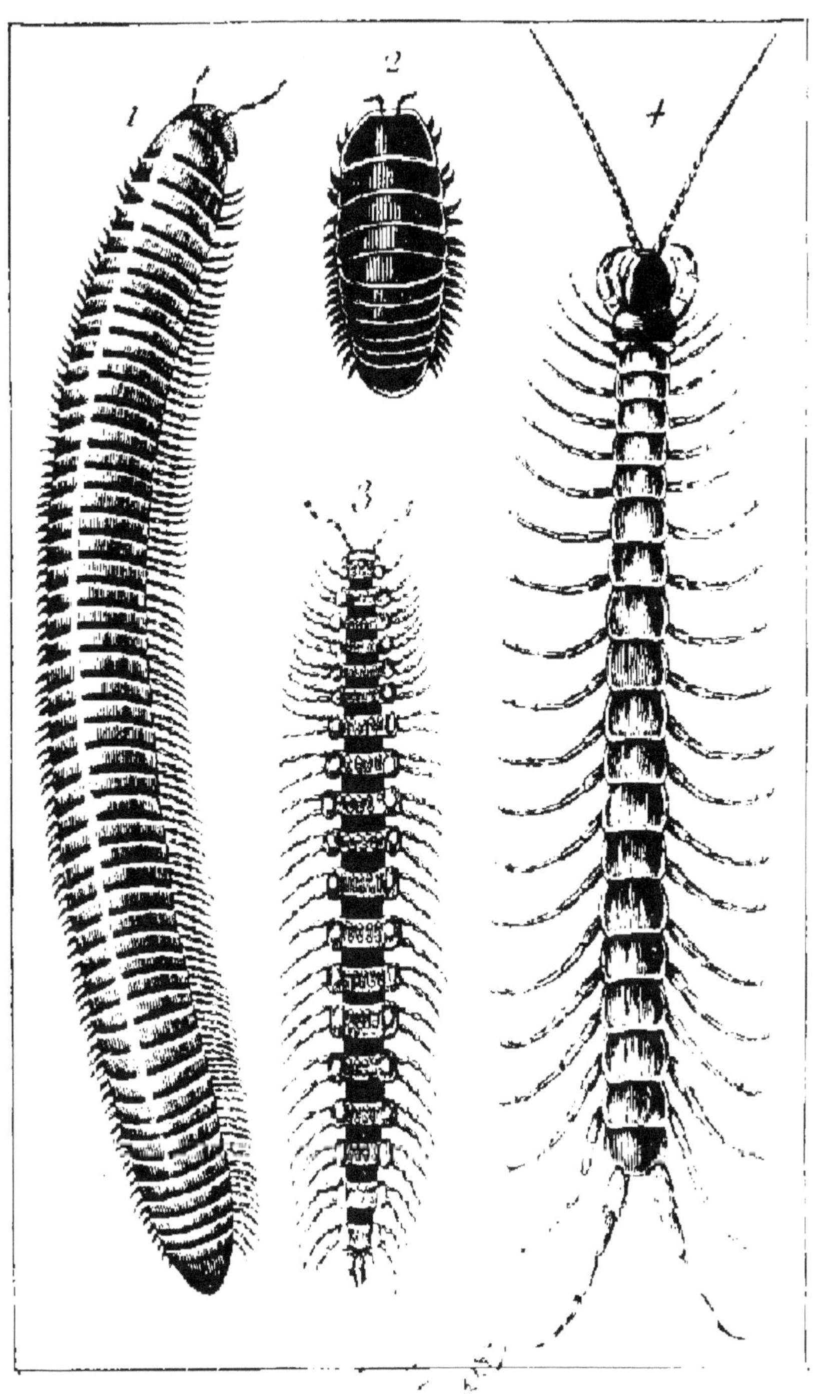

1.2.3 *Chilognathes*
4 *Chilopodes*